高手指引 非常简单

学会Office 2007

电脑办公

一线工作室 编著

U0121883

北京科海电子出版社
www.khp.com.cn

内 容 提 要

本书完全以"读者自学"的角度出发，力求解决初学读者"学得会"与"用得上"两个关键问题，采用"全程图解操作步骤"的全新写作方式，结合工作与生活中的实际应用，系统并全面地介绍了 Office 2007 软件在办公应用中的相关知识。

本书内容包括：Office 2007 操作入门；Word 2007 办公文档的录入、编辑、格式编排及表格的制作；Excel 2007 电子表格的创建、表格数据的计算、数据的管理与统计分析、统计图表的应用与文档打印；PowerPoint 2007 演示文稿的创建与编辑、演示文稿的放映设置；最后为初学读者讲解了 Office 2007 办公应用中的几个综合例子。

本书内容详实，结构清晰，实例丰富，图文并茂，注重读者日常生活、学习和工作中的应用需求；采用"步骤引导，图解操作"的方式进行讲解，真正做到以图析文，逐步地教读者学会 Office 2007 的操作与应用。

本书是一本一看就懂、一学就会的 Office 2007 入门自学速成图书，定位于电脑初、中级用户，既适合无基础又想快速掌握 Office 2007 的读者，也可作为电脑培训班、职业院校以及大中专院校的相关科目教学用书。

高手指引

非常简单学会 Office 2007 电脑办公

一线工作室　编著

责任编辑	邻朝怡		**封面设计**	Fashion Digital　梵绅数字
出版发行	北京科海电子出版社			
社　　址	北京市海淀区上地七街国际创业园 2 号楼 14 层		**邮政编码**	100085
电　　话	（010）82896594　62630320			
网　　址	http://www.khp.com.cn（科海出版服务网站）			
经　　销	新华书店			
印　　刷	北京市科普瑞印刷有限责任公司			
规　　格	185 mm×260 mm　16 开本		**版　次**	2009 年 5 月第 1 版
印　　张	15.25		**印　次**	2009 年 5 月第 1 次印刷
字　　数	371 000		**印　数**	1-5000
定　　价	24.80 元（含 1 多媒体教学 CD+1 配套手册）			

　　当今时代，电脑已经成为大多数人生活和工作的必备工具，不掌握电脑的操作技能，将会在当今社会的激烈竞争中处于明显的劣势。然而，在高速度、快节奏的今天，由于工作、生活等各种因素，却使很多人没有充足的时间与富余的资金专门进入培训学校学习电脑知识。

　　市场调查显示：以最快的速度、最好的方法、最低的费用来掌握电脑操作技能，是每一位电脑初学者的强烈愿望。因此，我们汇聚众多电脑自学者的成功经验和一线教师的教学经验，精心策划并编著本书。为了保证读者能在短时间内快速掌握相关技能，并从书中学到有用的知识，本书在内容安排和写作方式上都进行过认真探讨和总结，并经过多位电脑初学者试读验证。

▶▶ 为什么说本书能够让您"非常简单学会"Office 2007 电脑办公？

◎　直观形象的图解式写作——阅读时易学、易懂

　　为了方便初学者学习，本书采用全新的"图上标注操作步骤"的写作方式进行讲解，省去了繁琐而冗长的文字叙述。读者只要按照步骤讲述的方法去操作，就可以逐步地做出与书中相同的效果，真正做到简单明了，直观易学。

◎　通俗易懂的文字语言风格——内容上实用、常用

　　本书在写作时力求语言通俗、文字浅显，避免生僻、专业的词汇术语；在内容写作安排上，结合生活与工作实际应用，以"只讲常用的、实用的知识"为原则，并以实例方式讲解软件的操作技能，保证知识的学以致用。

◎　精心安排的体系结构——学习时简单、轻松

　　本书采用适合初学者学习的写作结构体系，通过一位高手的全书指导，可快速掌握相关技能。"基础入门"主要介绍本章中读者必知必会的内容；"过关练习"主要布置读者学习后的课后上机操作实践练习题。

◎　制作精良的多媒体教学光盘——使用时直观、明了

　　为了方便读者自学使用，本书还配套了交互式、多功能、超大容量的多媒体教学光盘。通过将教学光盘的视频演示和同步讲解完美配合，直接展示每一步操作，有利于提高初学者的学习效率，加快学习进度。通过书、盘互动学习，可让读者感受到老师亲临现场教学和指导的学习效果。

从本书中您能够学到什么？

《非常简单学会 Office 2007 电脑办公》是"高手指引"系列丛书中的一种。本书以"快速入门"和"无师自通"为原则，系统并全面地介绍了 Word 2007 办公文档的录入、编辑、格式编排及表格的制作，Excel 2007 电子表格的创建、表格数据的计算、数据的管理与统计分析、统计图表的应用与文档打印，PowerPoint 2007 演示文稿的创建与编辑、演示文稿的放映设置等知识。

本书共分为 11 章，具体内容包括：

第 1 章　Office 2007 操作入门；	第 7 章　工作表中数据的统计与分析；
第 2 章　Word 文档的录入与编辑；	第 8 章　应用统计图表与打印表格；
第 3 章　Word 文档的格式编排；	第 9 章　PowerPoint 演示文稿的创建；
第 4 章　Word 表格制作与文档打印；	第 10 章　PowerPoint 演示文稿放映设置；
第 5 章　Excel 表格数据的录入与编辑；	第 11 章　Office 2007 办公应用综合实例。
第 6 章　工作表中数据的计算处理；	

您是否适合使用本书？

如果您是属于以下情况之一，建议您购买本书学习：

- 对 Office 2007 一点不懂，希望通过自学方式，快速掌握 Office 2007 的相关技能；
- 对 Office 2007 有一定的了解，但对于很多问题只是一知半解，希望系统并全面掌握 Office 2007 知识；
- 希望学习 Office 2007 的相关技巧和经验，从而达到提高操作技能的目的；
- 以前曾经尝试学习了几次 Office 2007，都未完全入门或学会。

作者对您的诚挚感谢！

本书由北京科海电子出版社与一线工作室联合策划，一线工作室组织编写，参与本书编写的人员有胡子平、关淼、冉丹、周卫平、江孝忠、黄镇、于新杰、何兵、关朝军、靳均、周欢等。他们都是从事计算机一线教学多年的老师、专家，具有丰富的使用经验和操作技巧，在此向所有参与本书编创的工作人员表示由衷的感谢！

最后，真诚感谢读者购买本书。您的支持是我们最大的动力，我们将不断努力，为您奉献更多、更优秀的电脑图书！由于计算机技术发展非常迅速，加上编者水平有限、时间仓促，不足之处在所难免，敬请广大读者和同行批评指正。

编　者

2009 年 3 月

多媒体教学光盘使用说明

多媒体教学光盘包括书中重点设置的视频教程，对应各章节详细地讲解具体操作方法。读者可以先阅读图书再浏览光盘，也可以直接通过光盘学习 Office 2007 电脑办公。

从便于读者使用的角度出发，本光盘采用了统一的风格、界面与使用方法，下面就以《非常简单学会五笔打字》为例介绍本光盘的使用方法。

▶▶ 多媒体教学光盘的使用方法

①将多媒体教学光盘放入光驱后，系统会自动运行多媒体程序，并进入光盘的主界面，如图 1 所示。如果系统没有自动运行光盘，只需在"我的电脑"中双击光驱的盘符进入光盘，然后双击"AutoRun.exe"文件即可。

②光盘主界面右侧为"教学视频浏览区"，包括"第 1 章"、"第 2 章"、"第 3 章"、"第 5 章"、"第 6 章"和"第 7 章"6 个按钮；主界面左侧为"辅助内容浏览区"，包括"光盘说明"、"素

图 1 "多媒体教学光盘"主界面

材文件"、"结果文件"、"浏览光盘"和"退出"5 个按钮。读者可以根据需要单击其中某个按钮进入相对应内容的浏览界面。

▶▶ 教学视频的浏览

单击主界面右侧的章名序号按钮，会弹出该章所包含视频教程的选择按钮，如图 2 所示。读者可以根据学习需要单击其中某个按钮，系统将开始播放视频教程，如图 3 所示。

图2 视频列表

图3 播放视频

"素材文件"与"结果文件"的浏览

单击主界面左侧的"素材文件"与"结果文件"按钮，系统将弹出"素材文件"与"结果文件"的文件列表，用户可查看或打开其中的各种类型文件，如图4、图5所示。

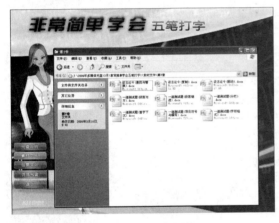
图4 "素材文件"资料文件夹

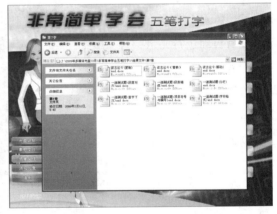
图5 "结果文件"资料文件夹

光盘的"说明"、"浏览"与"退出"

单击"光盘说明"按钮，可以查看使用本多媒体教学光盘的最低设备要求。

单击"浏览光盘"按钮，可以查看光盘的目录，目录中详细列出了视频教程的文件路径和名称，方便读者查找。

单击"退出"按钮，将退出多媒体教学系统，并显示光盘相关制作人员的名单。

Contents

目　录

目录 *Contents*

Chapter 01

Office 2007 操作入门

高手指引

　　小艳和小军马上就要大学毕业了，他们到一家企业应聘办公室文员工作。面试人员将一份合同给他们，让他们在电脑中通过 Word 进行编辑与排版。结果到了面试的设定时间，小艳还没有将合同文件格式编排好，而一同去的同学小军很快就按要求将合同编排好了。面对应聘结果，小艳很无奈地回到了学校。

 小艳，别失望了，没关系，我抽时间给你补一补这方面的知识吧！

 小军，其实 Office 软件的基本操作我会呀，只是不太熟练，但今天那套 Office 软件怎么与以前的不一样呢？

 小艳，在工作中不仅要掌握 Office 的基本操作，而且还要掌握它的专业应用。例如，今天使用 Office 软件编辑一份合同。另外，学校使用的是 Office 2003 版本，而这家公司使用的是微软公司新推出的 Office 2007 版本，它们当然有所不同啦，Office 2007 版本的功能比 Office 2003 版本更强大，界面也更人性化。

 哦，明白了，那你快教教我 Office 2007 在办公中的应用与操作吧！

 好的，下面让我们一起来学习吧！

　　Microsoft（微软）公司推出的 Office 套件是当今世界上最流行的办公处理软件，被广泛应用于文字处理、表格处理、数据处理、演示文稿处理、电子邮件处理等诸多方面。

学习要点

◆ 掌握 Office 2007 的安装与删除
◆ 认识 Office 2007 常用办公组件的功能与作用
◆ 掌握 Office 2007 组件的共性操作
◆ 掌握 Office 2007 各组件的基本设置与管理操作

轻松入门·快速学会

基础入门 ———— 必知必会知识

1.1　Office 2007 的安装与删除

Office 2007 是 Microsoft 公司推出的最新版本的办公软件，它不仅在功能上进行了优化，而且在安全性和稳定性上更加巩固，突出了"以结果为导向"的功能，使用了更加直观的界面，在操作方式、功能菜单等诸多方面都有了很大改进。

1.1.1　Office 2007 的运行环境

在使用 Office 2007 之前，必须将 Office 2007 程序安装到计算机中，在安装前也须了解 Office 2007 运行所需的软硬件环境。

根据微软公司官方网站提供的信息，安装和使用 Office 2007 对计算机的软件和硬件配置的要求不高，现在一般的计算机都能满足，它所需的最低配置如下表所示。

名称	环境要求
CPU	最低为 PentiumⅢ 500MHz 以上
内存	最低内存为 256MB，建议在 512MB
硬盘	需要 1.5GB 以上的剩余空间（装 5 大组件）
显示器	VGA 分辨率为 1024×768 以上
光驱	CD-ROM 或 DVD 光驱
操作系统	Windows XP SP2 以上，或 Windows Server 2003 SP1 以上
Internet 连接	要求宽带连接，速度最低为 128kbit/s，用于下载产品和激活下载的产品

1.1.2　安装 Office 2007 程序

Office 2007 的安装方法很简单，只需将安装光盘放入 CD-ROM 或 DVD 驱动器中，电脑就会自动运行安装程序，用户按照安装向导的提示操作，就可以将该软件安装到电脑中。如果没有自动弹出安装向导窗口，用户可以打开光盘文件，找到软件的安装程序，然后按以下图示步骤进行操作，也可进行安装。

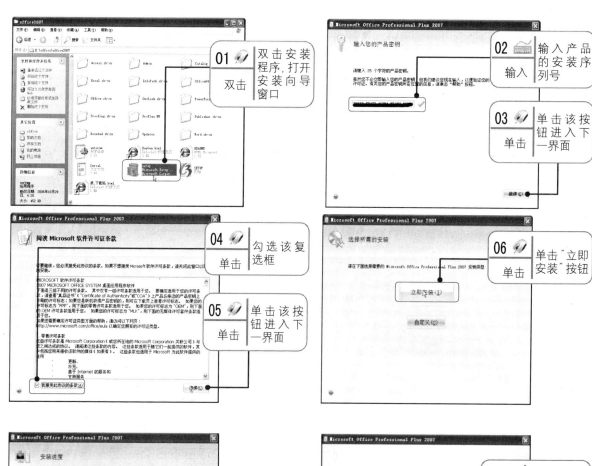

01 双击
双击安装程序，打开安装向导窗口

02 输入
输入产品的安装序列号

03 单击
单击该按钮进入下一界面

04 单击
勾选该复选框

05 单击
单击该按钮进入下一界面

06 单击
单击"立即安装"按钮

07 等待
开始安装Office程序

08 单击
完成Office程序的安装

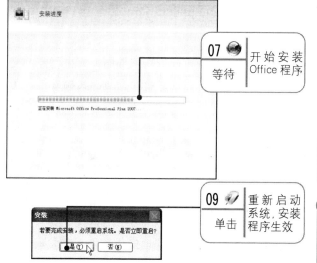

09 单击
重新启动系统，安装程序生效

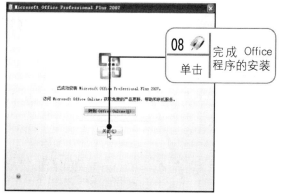

高手点拨

安装了 Office 2007 后，则将为电脑安装"微软拼音输入法 2007"，而用户原来安装的输入法需要重新添加。

1.1.3 删除 Office 2007 程序

如果用户不再使用 Office 2007 程序，则可以将 Office 2007 程序从电脑中卸载。具体操作方法如下。

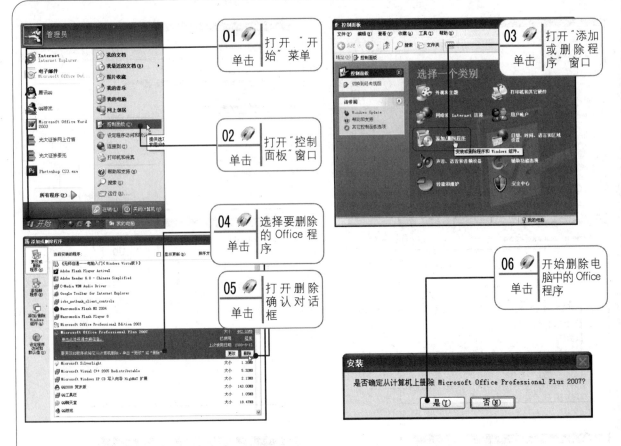

1.2 Office 2007 常用办公组件介绍

Office 2007 无论是外观还是性能都进行了全面的改进，其全新设计的用户界面、安全稳定的文件格式、高效的沟通协作功能，被广泛应用于文字处理、表格处理、数据处理、演示文稿处理、电子邮件处理等多个方面。

1.2.1 Word 2007 文字处理软件

Word 2007 是 Office 2007 套件中的一个的重要的文字编辑软件，它功能强大，常用于制作和编辑办公文档，也兼具表格的制作和处理功能，并且能方便用户制作更加专业的图文混排的文档。

同旧版本相比，Word 2007 新增了更多的新特性，使用户能全面和方便地操作软件，大大减少了用户使用过程中的繁琐步骤，提高了工作效率。

1. 新增动态命令标签

动态命令标签是为了在操作时减少不必要的混乱，只在选中对象时才显示，方便进行操作。例如，当选择表格后，才显示"表格工具"选项卡，并显示出下一级的"设计"和"布局"选项卡，其中包含了关于表格操作的所有工具按钮。当用户取消表格的选择时，程序即可将这些工具隐藏起来，如下图所示。

2. 键盘快捷键提示和导航功能

Word 2007 提供了键盘快捷方式，使用户无需鼠标操作即可快速执行任务。在编辑文档时，可以按下 Alt 键，则功能选项卡上就会出现键盘快捷键提示，这样为习惯用键盘操作的用户提供了方便，如下图所示。

当在功能选项卡中显示出快捷键后，按一下对应的字母键，如按"插入"选项卡的快捷键 N，即可打开该功能选项卡，并在该选项卡中显示出相关操作命令的快捷键提示，效果如下图所示。

3. 新增更多的模板和快速样式

Word 2007 向用户提供了多种供选择的模板库和样式库，如个人简历、备忘录、信函、传真等各种模板，为文本、段落和表格也提供了快速样式。另外，用户也可以在文档中插入封面，并在样式库中为文本框、艺术字、图片、页眉和页脚等对象设置系统预设的样式，从而令文档看上去更加精美。

4. 新增发布博客功能

使用 Word 2007 可以直接链接到博客网站，通过 Word 功能来创建包含图像、表格以及图文混排等内容丰富的博客文章。

5. 更加方便地制作流程图

Word 2007 取消了旧版本的"组织结构图"功能，新增了功能强大的 SmartArt 工具，用于在文档中制作各种流程图、层次结构图、循环图、关系图等。

6. 全新的文件格式

整个 Office 组件的文件格式与以前的版本相比发生了巨大的变化，新文件格式的扩展名为 docx，xlsx，pptx。这些文件格式可以减小文件大小，并且文件恢复功能得到了进一步加强。

1.2.2 Excel 2007 电子表格软件

Excel 2007 是一个集电子表格制作和数据信息管理于一体的具有信息分析功能的程序,可以用来创建各类专业表格,并能进行相应的数据处理。

1. 更多行和列以及其他新限制

为了使用户能够在工作表中浏览和存储更多的数据,Excel 2007 支持每个工作表中最多有 1000000 行和 16000 列,网格为 1048576 行和 16384 列。与 Excel 2003 相比,它提供的可用行增加了 1500%,可用列增加了 6300%。内存管理也从 Excel 2003 中的 1GB 增加到 Excel 2007 中的 2GB。

由于 Office Excel 2007 支持双处理器和多线程芯片集,所以用户可以在包含了大量公式的大型工作表中体验到更快的运算速度。

2. 更方便编写公式进行计算

新的可调整编辑栏会自动调整以容纳长而复杂的公式,从而防止公式覆盖工作表中的其他数据。与 Excel 早期版本相比,用户可以编写的公式更长、使用的嵌套级别更多。

使用函数记忆式键入,可以快速写入正确的公式语法。它不仅可以轻松检测到用户要使用的函数,还可以获得完成公式参数的帮助,从而在以后的每次使用中都能获得正确的公式。

3. 改进的排序和筛选功能

在 Excel 2007 中,可以使用增强了的筛选和排序功能快速排列工作表数据,以找出所需的信息。例如,现在可以按颜色和 3 个以上(最多为 64 个)级别来对数据排序,还可以按颜色或日期筛选数据。在"自动筛选"下拉列表中显示 1000 多个项,可以选择要筛选的多个项,也可以在数据透视表中筛选数据。

1.2.3 PowerPoint 2007 演示文稿软件

PowerPoint 2007 是演示文稿制作程序,可以用来快速制作出集文字、图形图像、声音以及视频等极具感染力的动态演示文稿,让信息以更轻松高效的方式表达出来。

1. 新增相册功能

使用 PowerPoint 2007 中的相册功能,可以将照片制作成电子相册,供用户浏览。

2. 支持多种格式的图形文件

Office 的剪辑库中收集了多种类别的剪贴画。通过自定义的方法,可以向剪辑库中增加新的图形。此外,PowerPoint 还允许在幻灯片中添加 JPEG,BMP,WMF,GIF 等格式的图形文件。对于不同类型的图形对象,可以设置动态效果。

3. 多媒体演示

使用 PowerPoint 制作演示文稿可以应用于不同的场合,演示的内容可以是文字、图形、图像、声音、视频等多媒体信息。另外，PowerPoint 还提供了多种控制自如的放映方式和变化多样的画面切换效果，在放映时还可以方便地使用鼠标箭头或笔迹指示以演示重点内容或进行标示和强调。

4. 发布应用

在 PowerPoint 中，可以将演示文稿保存为 HTML 格式的网页文件，然后发布到因特网上，这样用户可直接使用浏览器观看发布者发布的演示文稿。

1.3　Office 2007 组件的共性操作

在 Office 2007 程序中，无论是 Word、Excel 还是 PowerPoint 组件，它们都有一些共性操作，如程序的启动与退出、文档的新建、保存与打开等操作。因此，本节主要给用户介绍各组件相关的共性操作，以免在后面重复介绍。

1.3.1　Office 组件的启动与退出

1. 启动 Office 组件程序

当安装好 Office 2007 程序后，Office 组件就自动添加到"开始"菜单中，用户可以通过"开始"菜单来启动相关的组件程序。下面以启动 Word 2007 组件为例，介绍其操作方法。

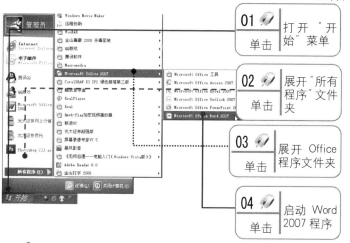

高手点拨

通过上面的操作方法来启动程序，其打开的组件程序都默认新建了一个空白的"文档 1"文件。用户也可以在"我的电脑"中找到 Word 文档文件、Excel 文档文件或其他组件文件，然后双击该文档文件即可自动启动相应组件程序，并且同时打开选择的文件内容。

2. 退出 Office 组件程序

当打开 Office 组件程序后，如果不需要使用时可以对其进行关闭。下面以关闭 Word 2007 程序窗口为例，介绍退出程序的方法。其操作方法同样适用于 Excel、PowerPoint 等组件程序。

（1）通过 Office 主菜单退出

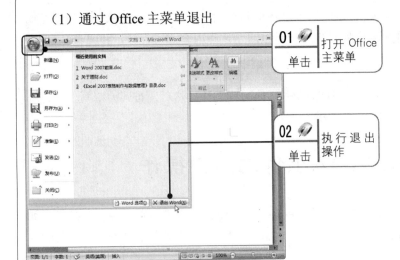

高手点拨

　　如果没有对打开的 Word 程序或文档进行任何编辑或修改，那么单击"退出 Word"按钮后，将直接退出 Word 程序及关闭文档；如果对打开的 Word 文档进行过编辑或修改，那么单击"退出 Word"按钮后，将会弹出询问是否保存更改的对话框。

　　如果在对话框中单击"是"按钮，则 Word 将保存文档后再退出程序；如果单击"否"按钮，则 Word 将不保存文档直接退出程序；如果单击"取消"按钮，则 Word 将不保存文件，并返回到 Word 2007 编辑窗口界面。

（2）通过窗口的"关闭"按钮退出

　　直接单击 Word 2007 主界面窗口最右上角的"关闭"按钮 ✕，也可以快速退出 Word 程序窗口。操作方法如右图所示。

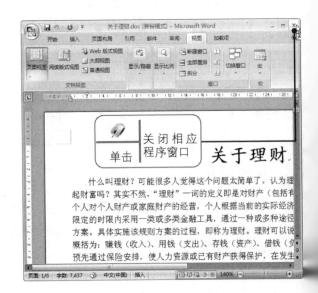

高手点拨

　　用户也可以按快捷键 Alt + F4 快速退出 Office 程序窗口。

1.3.2　Office 文档的新建

默认情况下，一般在打开的 Word，Excel，PowerPoint 程序窗口中就新建了一个空白文档。用户也可以根据需要重新新建文档。在 Office 组件中，新建文档的方法一般有两种，一是快速新建空白文档，二是通过模板新建文档。这两种新建文档的方法同样适用于 Office 其他组件。

1．新建空白文档

下面以在 Word 2007 程序中新建空白文档为例，介绍空白文档的新建方法。

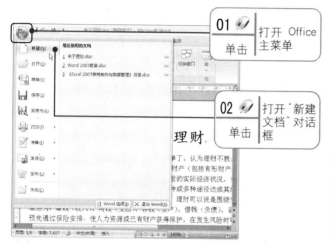
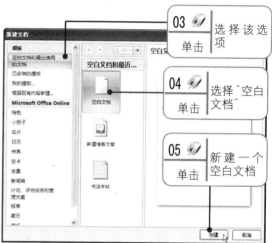

2．根据模板新建文档

模板是指一个或多个文件中包含的文档结构，它确定了文件的样式、页面布局等元素。通过模板可以快速创建出具有固定格式的文档，以提高工作效率。

下面以在 Excel 2007 程序窗口中通过模板新建文档为例，介绍其具体操作方法。该操作方法同样适用于 Office 中的其他组件程序。

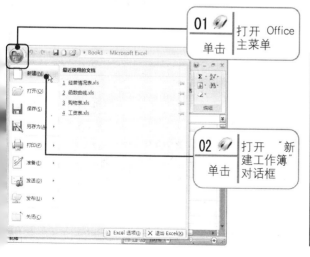
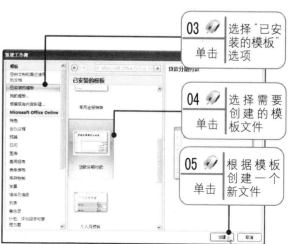

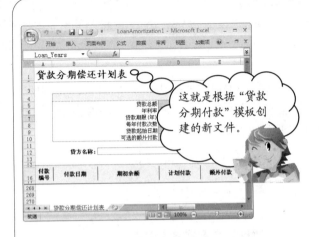

这就是根据"贷款分期付款"模板创建的新文件。

1.3.3 Office 文档的保存

当在 Word、Excel 或 PowerPoint 中编辑好文档后，为了防止文件丢失，一般都需要对创建的文档内容进行保存。保存 Office 文档的具体操作方法如下。

1. 直接保存

下面以在 Excel 2007 程序窗口中保存文件为例，介绍文档的保存操作。

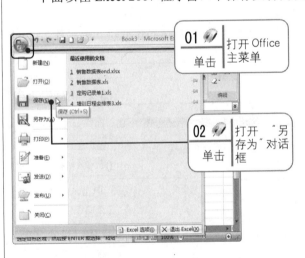

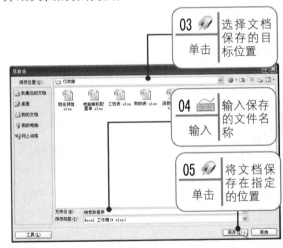

2. 另存为文件

单击 Office 按钮 后，在弹出的菜单中有"保存"和"另存为"两个命令。这两个命令在初次保存文档时，其作用是一样的，单击它们都会弹出"另存为"对话框。

一般情况下，对已有文档进行编辑修改后，若需要将原文件以现有文件内容进行保存，则直接使用"保存"命令。

如果对已有文档进行编辑修改后，若希望保持原有文件内容不变，又需要保存现有文档内容时，则必须使用"另存为"命令，然后在弹出的"另存为"对话框中设置文件保存的新位置或以新文件名进行保存。

 高手点拨

初次对 Office 文档进行保存时，也可单击"快速访问工具栏"中的"保存"按钮 或按 Ctrl + S 键打开"另存为"对话框进行保存操作。

1.3.4 Office 文档的打开与关闭

如果要对已有的 Office 文档进行编辑或查看，那么需要在程序窗口中执行文件的打开操作。当对打开的 Office 文档查看或编辑完毕后，就需要关闭文档。

1．打开文档

下面以在 Word 2007 程序窗口中打开文档为例，介绍文档的打开方法，此方法同样适用于其他 Office 组件程序。

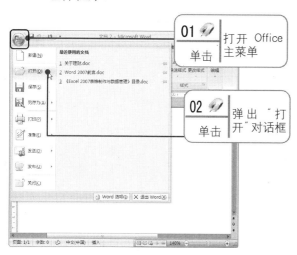

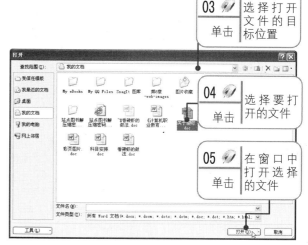

 高手点拨

在 Office 程序窗口中，可以按 Ctrl + O 快捷键快速打开"打开"对话框。如果在快速访问工具栏中添加了"打开"按钮 ，则可直接单击该按钮快速打开"打开"对话框。

在"打开"对话框中，可按 Shift 键或 Ctrl 键选择多个文件，然后单击"打开"按钮，即可同时打开选择的多个文档。

2. 关闭文档

下面以在 Word 2007 程序窗口中关闭文档为例，介绍文档的关闭方法，此方法同样适用于其他 Office 组件程序。

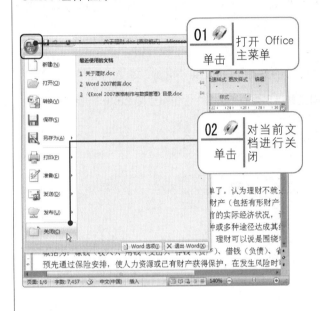

> 关闭当前文档后，程序窗口并没有关闭，用户还可以打开其他文件进行编辑。

高手点拨

　　如果在关闭文档前未对编辑的文档进行保存，则系统将打开一个提示对话框，询问用户是否进行保存，单击"是"按钮将保存文档，单击"否"按钮将不保存文档，单击"取消"按钮将不关闭文档。另外，也可按快捷键 Ctrl+F4 或 Alt+F4 来关闭文档，不同的是，Ctrl+F4 快捷键关闭的是当前文档，而 Alt+F4 快捷键不但关闭文档窗口，还关闭程序窗口。

进阶提高 ——— 技能拓展内容

通过前面基础入门知识的学习，相信初学者已经掌握好了 Office 2007 入门操作的相关基础知识。为了进一步提高使用软件的操作技能，下面介绍与本章内容相关的一些操作技巧。

技巧 01：　在桌面上创建 Office 组件程序的快捷方式

当在电脑中安装好 Office 2007 程序后，在 Windows 的"开始"菜单中默认添加了 Office 各组件程序的快捷方式。为了方便操作，用户也可以在 Windows XP 桌面上添加相关组件程序的快捷方式，其具体操作方法如下。

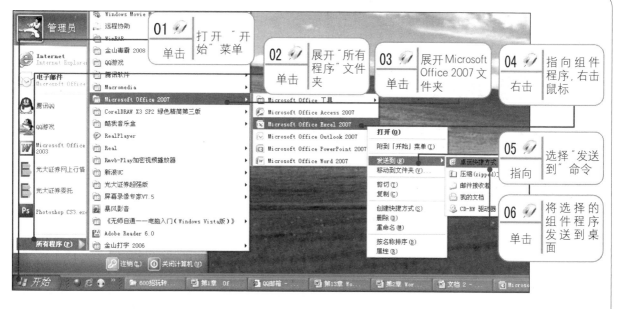

> 这就是创建的桌面快捷方式。

高手点拨

通过同样的操作方法，即可将 Office 2007 程序中的相关组件以快捷方式创建到桌面上。以后使用时，只需双击桌面上的快捷方式即可，而不需单击繁琐的菜单命令。

技巧 02： 如何以只读方式打开 Office 文档

为了防止对打开的 Office 文档内容进行修改，用户可以通过"只读"方式打开 Office 文档。下面以在 PowerPoint 2007 程序窗口为例，介绍以只读方式打开文件的具体操作。此操作方法同样适用于其他 Office 组件程序。

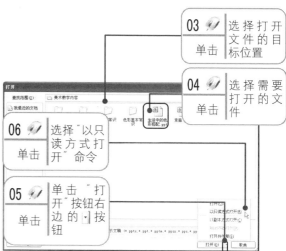

以只读方式打开工作簿文件后，在窗口标题名的后面就后缀有"只读"文字说明。

高手点拨

对文件以只读方式打开后，则只能对文件内容进行查看。如果对文档内容进行了修改和编辑，则文档不能以原文件名进行保存，而需要以其他文件名或更换文件保存位置后才能保存修改后的内容。

技巧03： 给快速访问工具栏添加常用操作的命令按钮

当安装好 Office 2007 程序后，无论是 Word、Excel 还是 PowerPoint 程序窗口，在快速访问工具栏中默认只有三个按钮 ，一是"保存"按钮，二是"撤销"按钮，三是"恢复"按钮。为了方便操作，用户可以将常用的命令按钮添加到快速访问工具栏中，其具体操作方法如下。

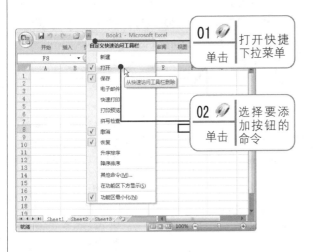

01 单击 打开快捷下拉菜单

02 单击 选择要添加按钮的命令

03 通过同样的操作方法，可以将常用的命令按钮添加到快速访问工具栏中。效果如下图所示。

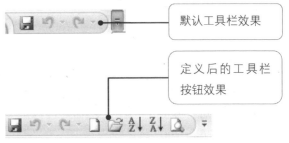

默认工具栏效果

定义后的工具栏按钮效果

高手点拨

如果要删除快速访问工具栏中的按钮，则再次单击快速访问工具栏右侧的 按钮，在显示的菜单命令中取消相应按钮命令的选择即可。

技巧04： 将功能区中的按钮添加到快速访问工具栏中

在定义快速访问工具栏时，也可以将功能区中的常用命令按钮添加到快速访问工具栏中，其具体操作方法如下。

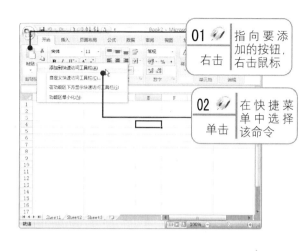

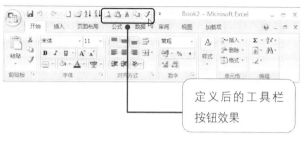

定义后的工具栏按钮效果

高手点拨

　　要在快速访问工具栏中删除从功能区添加的命令按钮，则可将指针指向快速访问工具栏中要删除的按钮，然后单击鼠标右键，在弹出的快捷菜单中单击"从快速访问工具栏删除"命令即可。

技巧05：　对 Office 文档进行加密

　　为了提高 Office 文档的安全性，Office 2007 为用户提供了加密功能。下面以 Word 2007 组件程序为例，介绍文档加密的操作方法，此方法同样适用于 Office 其他组件程序。

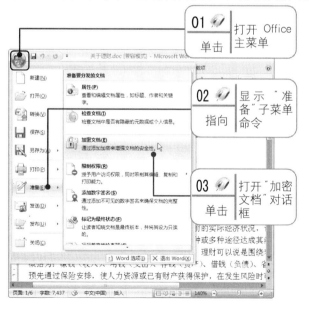

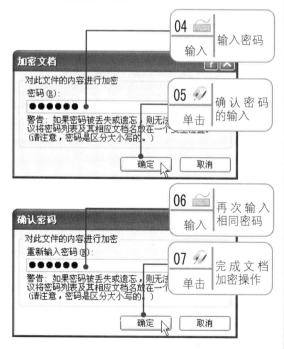

高手点拨

　　值得注意的是，对文档进行加密操作后，用户还需要对文档进行一次保存操作，才能使文档加密生效。

技巧 06: 设置 Office 程序自动保存文档

在使用 Office 程序的过程中，有时难免会遇到意外情况（如突然断电、死机等）而关闭程序。这些意外的发生会造成一些数据的丢失，为了减少数据的丢失，Office 2007 提供了"自动保存"的功能。下面以 Word 2007 程序设置文档自动保存操作为例，介绍其具体操作方法，该方法同样适用于 Office 其他组件程序。

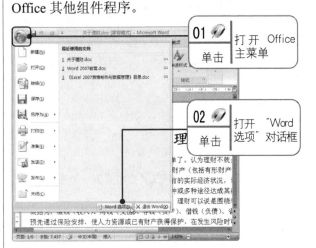

01 单击　打开 Office 主菜单

02 单击　打开 "Word 选项" 对话框

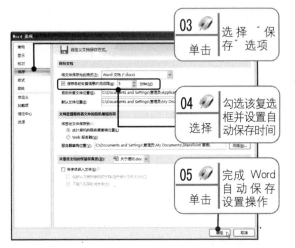

03 单击　选择 "保存" 选项

04 选择　勾选该复选框并设置自动保存时间

05 单击　完成 Word 自动保存设置操作

技巧 07: 更改文档保存的默认路径

为了方便用户保存文档，可以在 Office 中设置各组件程序文档保存的默认路径。以 Word 2007 为例，介绍其设置操作。

01 单击 Office 按钮以后，在主菜单中单击 "Word 选项" 按钮，打开 "Word 选项" 对话框。

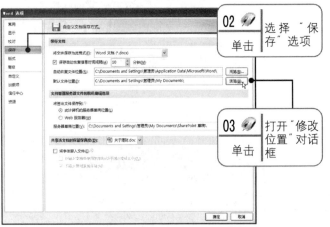

02 单击　选择 "保存" 选项

03 单击　打开 "修改位置" 对话框

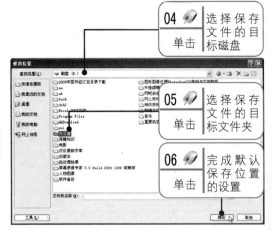

04 单击　选择保存文件的目标磁盘

05 单击　选择保存文件的目标文件夹

06 单击　完成默认保存位置的设置

![高手点拨]

高手点拨

设置默认保存目标位置为 "D:\办公室" 后，那么以后打开 "另存为" 对话框和 "打开" 对话框时，其默认的目标位置就直接显示 "D:\办公室"。

技巧 08: 挽救和恢复被损坏的 Office 文档

如果 Office 文档文件被损坏,用户按照正常的打开方式无法打开该文件时,就可尝试以打开并修复的方式来打开该文件,从而达到挽救该文件的目的。以 Excel 2007 程序为例,讲解挽救和恢复文档的操作方法,该方法同样适用于 Office 其他组件程序。

01 单击 Office 按钮，然后在弹出的菜单中单击"打开"命令,弹出"打开"对话框。

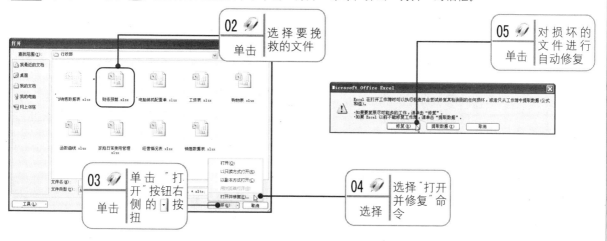

02 单击 | 选择要挽救的文件

05 单击 | 对损坏的文件进行自动修复

03 单击 | 单击"打开"按钮右侧的 · 按钮

04 选择 | 选择"打开并修复"命令

06 当文件修复成功后,显示"成功修复"对话框,然后单击"关闭"按钮即可。

技巧 09: 将 Office 文档标记为最终状态

当 Office 文档编辑完毕后,如果不希望其他人对文档进行任何修改,那么可以将文档标记为最终状态。标记为最终状态的文档将不能进行编辑或修改操作。将文档标记为最终状态的操作步骤如下。

01 单击 | 打开 Office 主菜单

02 指向 | 显示"准备"子菜单

03 选择 | 选择该项命令

04 单击 | 确认标记操作

05 单击 | 完成文档最终状态的标记

技巧 10: 将 Office 2007 文档保存为旧版兼容的格式

为了让保存的 Office 2007 格式的文档能在旧版本的 Office 程序中打开,那么在保存文档时,必须将文件保存为 Office 97~2003 兼容的版本格式。下面以 Word 2007 为例,讲解保存兼容格式文档的具体操作方法。

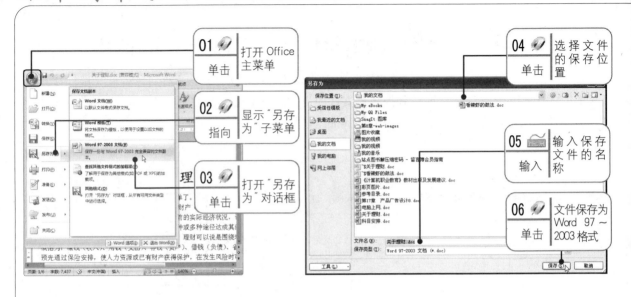

过关练习 ——— 自我测试与实践

通过前面内容的学习，按要求完成以下练习题。

（1）在电脑中安装 Office 2007 程序，并将程序中的 Word 2007，Excel 2007，PowerPoint 2007 组件以快捷方式创建到桌面。

（2）练习 Office 2007 中各组件的启动与退出方法，并总结不同组件的操作特点。

（3）在 Word 2007 中，根据"原创简历"模板新建一个文件；在 Excel 2007 中，根据"个人月预算"模板新建一个文件；在 PowerPoint 2007 中，根据"宣传手册"模板新建一个文件。

（4）将以上新建的三个文件进行保存，保存在"我的文档"中，文件名自定，并对文件进行加密设置。

（5）在磁盘 D 中，新建一个文件夹为"人事部"，并在 Word 2007，Excel 2007，PowerPoint 2007 中设置文件默认保存路径为"D:\人事部"。

（6）设置 Word 2007、Excel 2007、PowerPoint 2007 三个组件程序自动保存文件，并设置自动保存文件的间隔时间为 4 分钟。

Chapter 02

Word 文档的录入与编辑

高手指引

小艳在同学小军的耐心帮助下，对目前常用的 Office 2007 办公软件有了一定的认识，并且掌握了 Office 2007 的基本操作。今天，她开始在小军的指导下，认真、系统地学习如何在 Word 2007 中录入与编辑办公文档。

小艳，对 Office 2007 感觉怎么样，是不是比 Office 2003 操作起来更加方便？

是的，小军，感谢你对我的耐心帮助。

今天，我就系统地教你如何在 Word 2007 中录入与编辑办公文档。

好的，太感谢你了！

不用客气，同学之间相互帮助是应该的。

在现代办公中，Word 是处理文字的一个必备工具，它包括文本编辑操作、文档的格式编排、表格制作、文档打印处理等功能。本章主要给用户介绍 Word 文档的录入与编辑方法。

学习要点

- 文档内容的录入操作
- 文档内容的编辑操作
- 图形图片、艺术字的插入
- 图形图片的编辑与图文混排
- 文档编辑的高级操作

基 础 入 门 ——— 必知必会知识

2.1 录入 Word 文档内容

Word 主要用于编辑文本，利用它能够制作出结构清晰、版式精美的各种文档。在 Word 中要编辑文档，就需要先输入各种文档内容。掌握 Word 文档内容的输入方法，是编辑各种格式文档的前提。

2.1.1 选择文档编辑视图

在学习输入和编辑文档之前，有必要了解一下 Word 2007 的视图模式，因为在制作文档的过程中，用户将会遇到在不同视图模式下编辑 Word 文档的问题。所谓的视图模式是指浏览文档的方式，用户可以根据视图模式的特点，为不同的文档选择其最佳的视图模式，以更方便地浏览和编辑文档。

1. 视图的切换

Word 2007 提供了 5 种视图模式，分别从不同角度、以不同方式显示文档。这 5 种视图分别是页面视图、阅读版式视图、Web 版式视图、大纲视图和普通视图。在 Word 2007 中切换视图的方法如下。

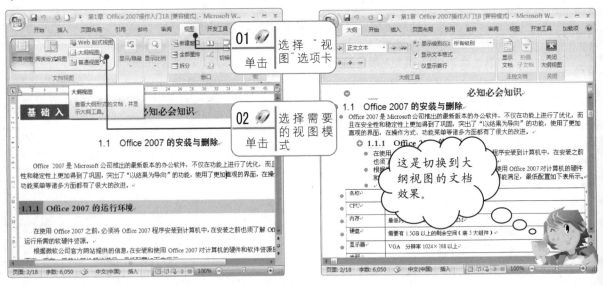

高手点拨

在 Word 2007 中，也可以单击状态栏右下角的视图切换按钮直接进行切换。

2. 常用视图的功能介绍

下面针对几种视图的功能，给初学者进行介绍。

（1）页面视图：完全显示文档或其他对象结果的一种视图方式，与打印效果一样。例如，页眉、页脚、栏和文本框等项目会出现在它们的实际位置上。可对页面中的文本作最后的编辑和格式化，并可立即看到编辑的效果，是最常用的视图模式。

对于页面视图，可进行一些特殊操作，如插入页眉或页脚、插入图文框、对内容进行分栏等。但是，页面视图会占用更多的系统内存，导致文档的滚动和翻页速度都会变慢，特别是当文档中包含很多图片或者复杂的格式时。

页面视图模式常用于对文档中的内容进行排版和设置格式。

（2）阅读版式视图：是便于在计算机屏幕上阅读文档的一种视图方式。在阅读版式视图中，用户可以根据需要选择不同的阅读方式，还可选择以文档在打印页面上的显示效果进行查看。

（3）Web 版式视图：是 Word 2007 几种视图模式中唯一按照窗口大小进行自动换行显示的一种视图模式（其他几种视图模式均是按页面的大小进行显示），并且，Web 版式视图方式显示字体较大，方便了用户的联机阅读，文档部分可以调整以适应窗口的大小和风格要求，图片在该视图中显示的位置就是其在 Web 浏览器窗口中的位置。

（4）大纲视图：用于显示文档大纲结构。即使不从文档大纲出发编写文档，大纲视图也有很多作用。在大纲视图中，易于移动和复制文本、在文档中移动插入点位置、重组大纲文档的内容以及对具有层次性的文档进行分级操作。

大纲视图方式是按照文档中的标题层次来显示文档内容的。用户可以折叠文档，只查看主标题；或者扩展文档，查看整个文档内容，从而使用户查看文档的结构变得十分容易。大纲视图中有+号，双击+号的标题，就可以在文档内容的折叠与展开之间进行切换。

（5）普通视图：适合于日常的文档处理工作，如文本、图形的输入和格式化。普通视图便于跨越分页符（横向虚线）和分节符（双横向虚线）编辑文本。但是，在普通视图中是看不到正文以外的内容的，文档中的页边标记、页眉、页脚、页码、脚注、尾注、背景以及文档的包装都是无法显示出来的。

2.1.2　输入文本内容

启动 Word 2007，出现空白文档即可输入文字等内容。在空白文档中有一个闪烁的竖条，这是插入点，表示文本键入时插入的位置。在插入点处直接输入文本是最常用的方法，可以在文档中直接输入中文、英文、标点符号、数字等。

1. 内容换行

在 Word 中录入内容时是自动换行的。一般情况下，当输入内容超过页面宽度时，光标插入点会自动跳转到下一行。

若需要在一行内容没有输入满时要强制另起一行，并且需要该行的内容与上一行的内容保持一个段落属性，则可以按 Shift + Enter 组合键来完成。

高手点拨

按 Shift + Enter 组合键进行内容的强制换行，称为"软回车"。每按一次该组合键，都会产生一个软回车标记符。此标记符在文档默认的打印状态下不会被打印出来。

2．内容换段

在录入文档内容的过程中，当一段文本内容输入完成后，按 Enter 键即可对文档内容进行强制换段。每按一次 Enter 键，表示另起一个新的段落。在系统默认情况下，文档中会自动产生一个段落标记符 ↵ 。此标记符在文档打印时，默认状态下同样不会打印出来，只是为了方便文档内容的编辑与处理。

3．文档内容在录入时的简单修改

默认情况下，在文档中输入文本时是处于插入状态。在这种状态下，输入的文字出现在插入点所在的位置，而该位置原有的字符将依次向后移动。

在文档中输入文本时还有一种改写状态，在改写状态下，输入的文字将依次替代其后面的字符，以实现对文档的修改。其优点在于即时覆盖无用文字，节省文本的空间，尤其是对一些格式已经固定的文档，这种功能不会破坏已有格式，且节省时间。改写与插入的切换可以通过 Insert 键来实现，也可以单击 Word 窗口状态栏上的"改写"按钮或"插入"按钮实现。单击"改写"按钮后，该按钮即变为"插入"按钮，再次单击，该按钮则变为"改写"按钮。

当文本出现错误或有多余的文字时，可以使用删除功能。按键盘上的 Backspace 键可以删除光标左侧的字符；按 Delete 键可以删除光标右侧的字符。若删除的文本内容较多，则可以先选中要删除的文本内容，再按 Backspace 键或 Delete 键。

2.1.3 插入特殊文本

在文档内容的录入中，有些特殊符号是无法直接从键盘录入的，如①、‰、÷等。这时，可通过 Word 2007 的"特殊符号"库来插入这些符号，具体操作方法如下。

光盘文件：	
素材文件	光盘\素材文件\第 2 章\招聘员工书.docx
结果文件	光盘\结果文件\第 2 章\招聘员工书（输入特殊文本）end.docx

例如，在如下所示的招聘广告中插入特殊符号，其具体操作方法如下。

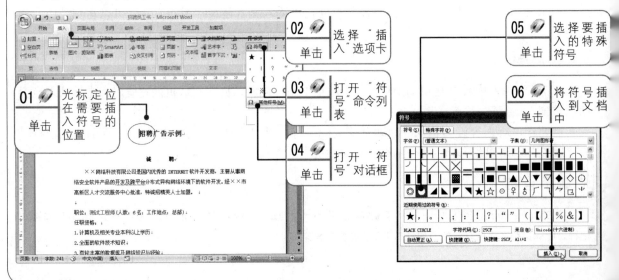

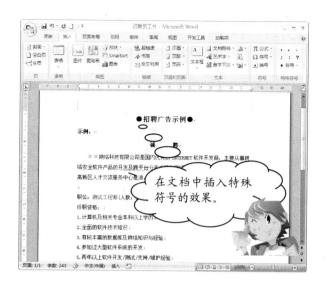

2.1.4 撤销与恢复操作

Word 2007 具有对文档操作的记忆功能，撤销时系统会自动记录所执行过的操作。因此，如果在编辑过程中执行了错误的操作后，可以通过该功能恢复到之前的状态，或将撤销的操作利用恢复功能进行恢复。

1. 撤销操作

单击快速访问工具栏中的"撤销"按钮 ，可撤销编辑过程中发生的误操作。如果单击"撤销"按钮旁边的小三角按钮 ，则可在弹出的下拉列表中选择需要撤销到的某一步操作，这样可撤销前面的多步操作。如左下图所示。

2. 恢复操作

如果在撤销操作后发现原来对文本的编辑是正确的，还可以将其恢复，操作方法如下。

单击快速访问工具栏中的"恢复"按钮 ，可恢复上一次的操作，恢复时只能一步一步地恢复。操作如右下图所示。

2.2　编辑文档内容

在对文档进行输入操作的过程中，难免会录入错误或内容重复的文本，此时就需要对文本进行修改、删除、复制等编辑操作来更正错误或简化输入。

2.2.1　文档内容的选择方法与技巧

在文档中进行编辑操作时，应遵循"选中谁，操作谁"的原则。要对文本进行编辑，必须先掌握选择文本的方法，被选中的文本以蓝色背景显示。在 Word 2007 中，选择文档内容分为多种情况，下面介绍常见的选择方法。

1．指向文档内容进行选择

（1）选择一个单词或词组：双击鼠标左键。

（2）选择一个句子：按住 Ctrl 键不放，单击鼠标左键。

（3）选择一段：指针指向段落中，快速单击鼠标左键三次。

（4）选择列块形状文字：按住 Alt 键，然后按住鼠标左键拖动。

（5）选择整篇文档：按 Ctrl + A 组合键。

（6）鼠标拖动精确选择：将鼠标指针定位在起点位置，按住鼠标左键进行拖动，至结束点位置后松开鼠标左键即可。或者先将光标定位在要选择文档内容范围的最前端，然后按住 Shift 键，再单击要选择范围的最末端。

2．通过选取栏进行选择

文档左侧的空白区域为选取栏，将鼠标指针移动到选取栏后，鼠标指针将变为 ⚐ 形状。利用选取栏也可以选择内容，具体方式如下。

（1）选一行：在选取栏中单击。

（2）选一段：在选取栏中双击。

（3）选全文：在选取栏中快速单击三次鼠标左键。

高手点拨

另外，还可以选择不连续的内容。方法是，先选择一部分内容然后按住 Ctrl 键再继续选择内容。选择文档内容后，如果要取消内容的选择，只需在文档窗口中的任意位置单击一下鼠标左键即可。

2.2.2　复制、移动、删除内容

复制、移动和删除是编辑工作中最常用的操作。例如，对重复出现的文本，不必一次次地重复输入；对放置不当的文本，可快速移动到满意的位置。

光盘文件：

素材文件	光盘\素材文件\第 2 章\产品保修书.docx
结果文件	光盘\结果文件\第 2 章\产品保修书（编辑）end.docx

1. 复制内容

例如，我们将文档中的特殊符号"●●"进行复制，其具体操作方法如下。

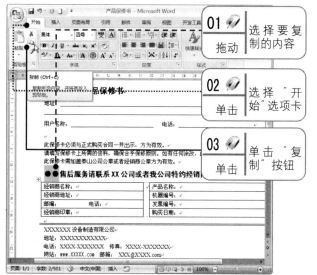

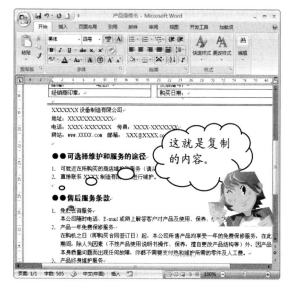

高手点拨

另外，用户还可通过鼠标拖动快速复制内容。其操作方法为：选择需要复制的文本内容，将鼠标指针指向选定的文本，鼠标指针会变成 形状，此时按住 Ctrl 键，再按住鼠标左键进行拖动，将虚线插入点定位到需要内容的目标位置后松开鼠标左键，也可实现文本内容的复制。

2. 移动内容

例如，将"产品保修书"中的"地址……"内容移动到"用户名称……"段落之后，具体操作方法如下。

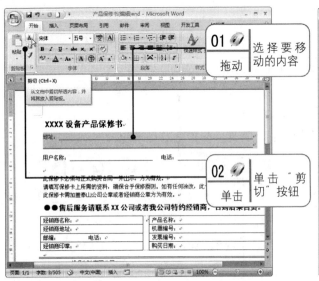

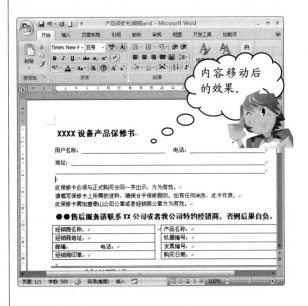

移动文本还有以下方法：

（1）选择需要移动的文本内容，将鼠标指针指向选定的文本，鼠标指针会变成 形状，此时按住鼠标左键进行拖动，将虚线插入点定位到目标位置后，松开鼠标左键即可。这种移动文本的方法适用于短距离移动，长距离移动则不太方便。

（2）选择要移动的文本内容，然后按下 F2 键，将光标定位在目标位置，最后按 Enter 键即可。

3．删除内容

在输入或编辑文本的过程中，如果误输入了错误或多余的文本，可将其删除。删除文本的方法有以下几种。

方法一：将光标移到要删除的文本后面，按 Backspace 键可删除光标前的一个字符。

方法二：将光标移到要删除的文本前面，按 Delete 键可删除光标后的一个字符。

方法三：选择要删除的文本，按 Delete 键或 Backspace 键即可删除选中的内容。

2.2.3　查找与替换内容

编辑一篇 Word 文档时，有时需要找出某些内容进行修改。当内容很多时，直接用肉眼一个一个地去找是很难找到的，查找文本可以快速定位到所需文本的位置。

1. 查找内容

例如，在前面的"产品保修书"文档中查找"维护"文字内容，具体操作方法如下。

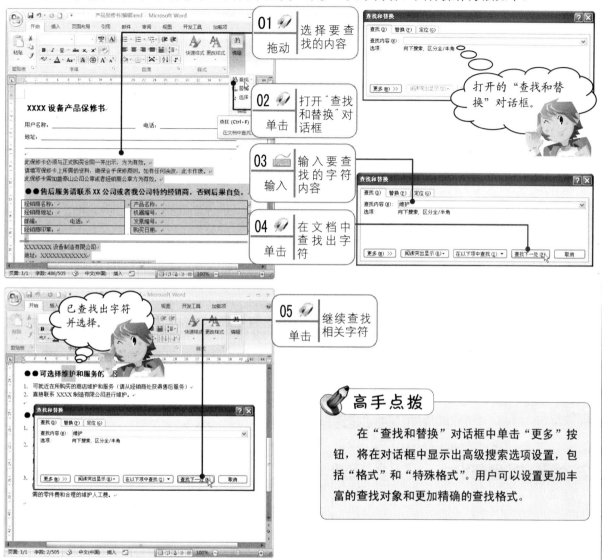

如果要让查找的内容在文档中突出显示，则可以按以下方法进行操作。

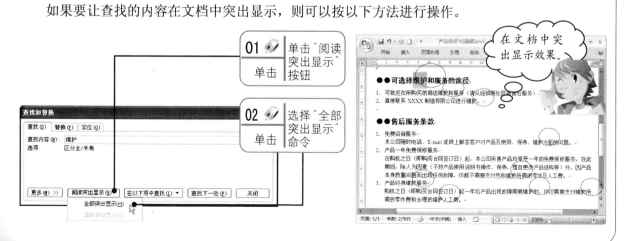

2. 替换内容

替换内容是将查找到的内容更换成其他内容。利用替换功能可以提高录入效率，并有效地修改文档。例如，将"产品保修书"中的"维护"全部替换为"维修"，其操作方法如下。

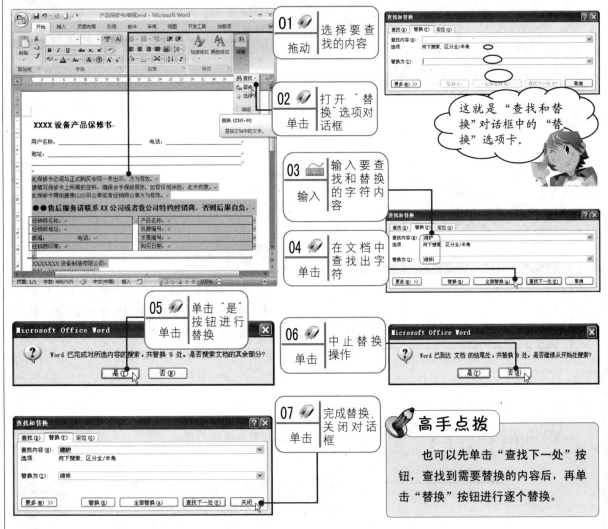

2.3 在文档中插入图形图片

作为优秀的文字处理软件，Word 2007 可以实现各种图形、图片对象的绘制、插入、编辑、修饰等多种操作，还可以把图形对象与文字结合在一个版面上，实现图文混排，轻松地编辑出图文并茂的文档效果。

2.3.1 插入艺术字内容

艺术字是文档中具有特殊效果的文字。在文档中适当插入一些艺术字不仅可以美化文档，还能够突出文档所要表达的内容。

光盘文件:	
素材文件	光盘\素材文件\第 2 章\产品保修书 2.docx
结果文件	光盘\结果文件\第 2 章\产品保修书（图文混排）end.docx

在文档中插入艺术字的方法如下。

在文档中插入艺术字后，选项卡中将会自动添加一个"格式"选项卡。用户可以通过该选项卡设置艺术字的相关格式，如艺术字样式、阴影、三维效果等。

2.3.2　插入自选图形

在 Word 2007 文档中，用户可以根据需要插入现成的形状，如矩形、圆、箭头、线条、流程图符号、标注等类型。具体操作方法如下。

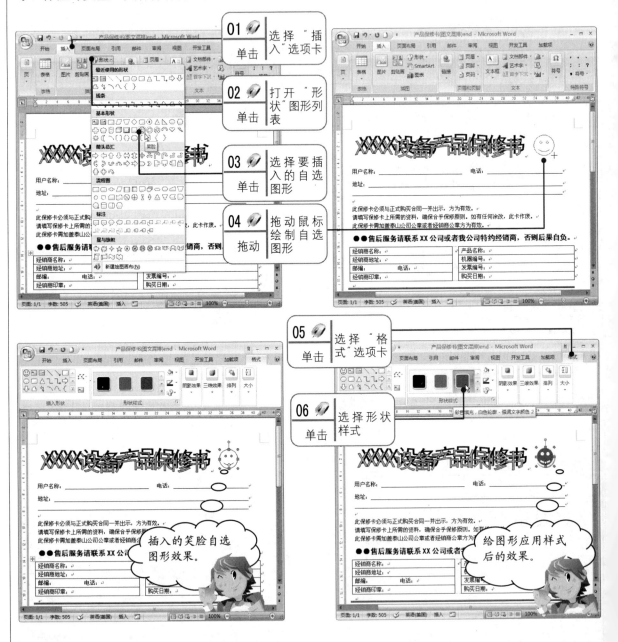

01　单击　选择"插入"选项卡

02　单击　打开"形状"图形列表

03　单击　选择要插入的自选图形

04　拖动　拖动鼠标绘制自选图形

05　单击　选择"格式"选项卡

06　单击　选择形状样式

插入的笑脸自选图形效果。

给图形应用样式后的效果。

高手点拨

同样，插入图形后，用户可以通过"格式"选项卡对插入的图形进行相关的格式编辑。具体操作参见后面相关的讲解。

2.3.3 插入图片

在 Word 2007 文档中，用户可以插入图片以提高文档的美观性和生动形象性。插入的图片来源于两种：一种是来自 Office 剪辑库的图片；另一种是来自外部存储的图片文件。

1. 插入剪辑库中的图片

Word 2007 提供了一个功能强大的剪辑管理器，在剪辑管理器中的 Office 剪辑库中收藏了系统自带的多种剪贴画。插入剪辑库中的图片，其操作方法如下。

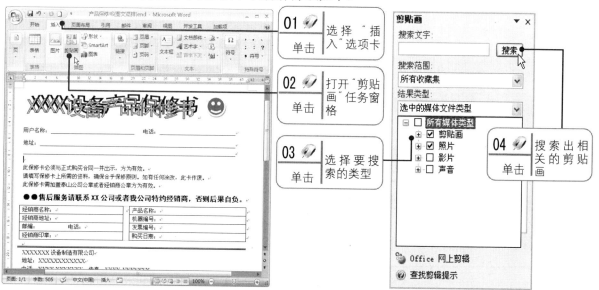

2. 插入外部图片

如果使用的图片来自电脑中某个已知的文件，则可以直接将该图片文件插入到文档中，具体操作步骤如下。

高手点拨

　　Office 2007 的剪辑库为用户提供了许多剪贴画，若要将搜索的结果限制于剪贴画的特定集合，则在"搜索范围"文本框中，单击下三角按钮并选择要搜索的集合，如动物即可。

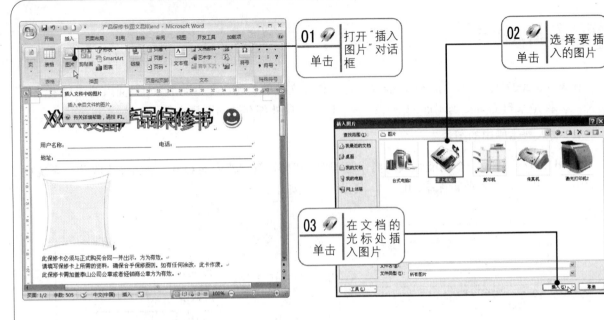

插入的文件图片效果。

2.3.4 编辑与修改图形图片

在文档中插入图形图片后,还可以根据需要对图形图片进行编辑与修改,如调整图形图片的大小、位置、样式等格式。

1. 调整图形图片的大小

在文档中绘制或插入图形图片后,可以对其大小进行调整,具体操作方法如下。

高手点拨

将鼠标指针定位在图片四个角点的控制点上，当指针变成 ↖、↗ 样式时，表示可对图片的高度和宽度同时改变；将鼠标指针定位在左右中间的控制点上，当指针变成 ↔ 样式时，表示只能改变图片的宽度；将鼠标指针定位在上下中间的控制点上，当指针变成 ↕ 样式时，表示只能改变图片的高度。

2. 移动图形图片的位置

在 Word 2007 中绘制的图形直接浮于文字上方，可以使用鼠标直接拖动来调整图形的位置。而如果插入的图片格式为嵌入型时，若要任意调整图片在文档中的位置，则必须将图片设置为浮于文字上方，才能通过鼠标拖动的方法来调整位置。具体操作方法如下。

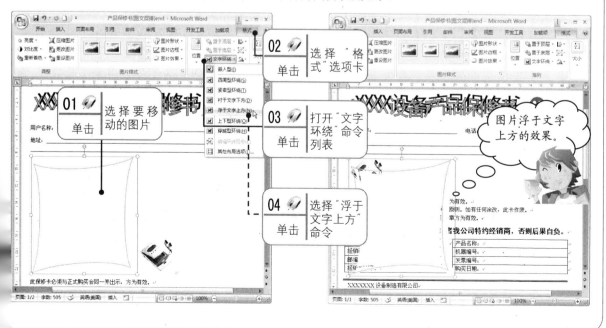

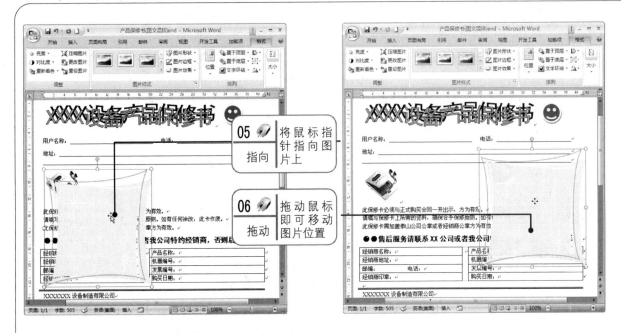

3. 设置图形图片的叠放次序

将多个图形或图片设置为浮于文字上方后，就可以设置图形图片的叠放次序，具体操作方法如下。

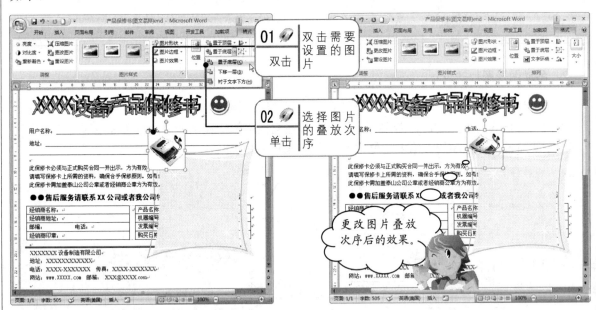

高手点拨

在叠放次序命令中，"置于顶层"为将所选图形图片叠放在所有图形图片的最上面；"上移一层"为将所选图形图片向上叠放一层；"置于底层"为将所选图形图片叠放在所有图形图片的最下面；"下移一层"为将所选图形图片向下叠放一层。

4．给图形设置颜色

对绘制的自选图形，还可以设置填充颜色、线条颜色等，具体操作方法如下。

（1）设置自选图形填充颜色

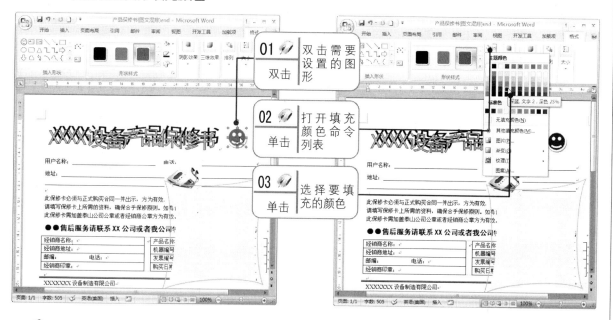

高手点拨

除了可以给图形填充单一色外，还可以给图形填充渐变颜色、图片及纹理效果，读者可以自己动手试一试。另外，在设置图形填充颜色时，如果选择菜单命令中的"无填充颜色"命令，则表示图形不填充任何颜色。

（2）设置自选图形的轮廓颜色及线型

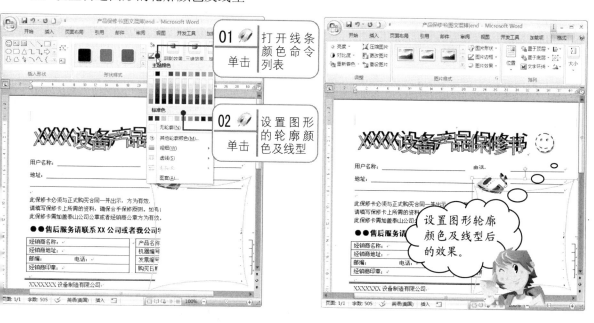

5. 设置图形图片环绕排版效果

当文档中既有图形图片又有文字内容时，可以设置图形图片与文字内容的混排效果。例如，将文档中的图片设置为文档的背景，可以设置"衬于文字下方"。具体操作方法如下。

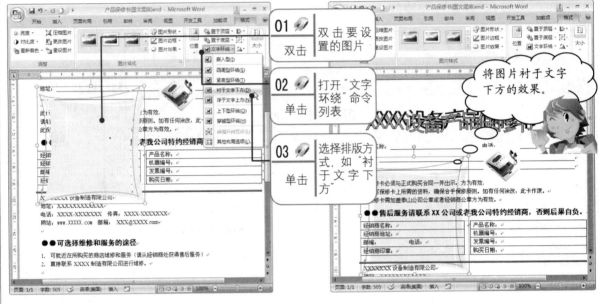

图文混排常见类型的使用及含义如下。

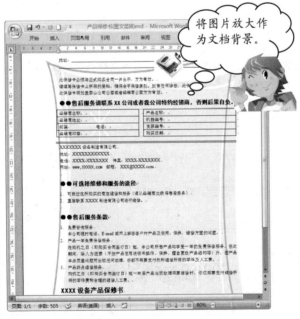

- 四周型环绕：文字在对象四周环绕，形成一个矩形区域。
- 紧密型环绕：文字紧密环绕在对象的轮廓周围。
- 衬于文字下方：图形作为文字的背景图形。
- 浮于文字上方：图形在文字的上方，挡住图形区域的文字。
- 上下型环绕：文字环绕在图形的上部和下部。
- 穿越型环绕：适合空心的图形，文字穿过空心的部分，在图形周围环绕。

高手点拨

如果要删除文档中的图形或图片，可以选择图形或图片后，按 Delete 键即可删除。

进阶提高 ——— 技能拓展内容

通过前面基础入门知识的学习，相信初学者已经掌握了 Word 2007 办公文档的录入与编辑操作。为了进一步提高使用软件的操作技能，下面介绍与本章内容相关的一些操作技巧。

技巧 01： 创建书法字帖文档

创建书法字帖是 Word 2007 中一项新增加的功能。Word 2007 中包含了一定数量的书法字型，用户可以将这些字型输入到 Word 2007 中，打印出来后即可制作成练习书法的碑帖。创建书法字帖的操作步骤如下。

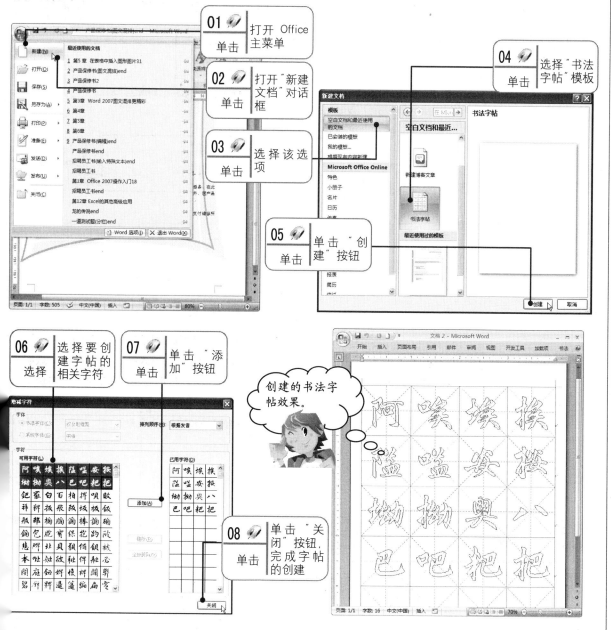

创建的书法字帖效果。

技巧 02：　快速输入当前日期与时间

Word 2007 提供了中英文的各种日期和时间的格式，可将需要的日期和时间格式插入到文档中。具体操作方法如下。

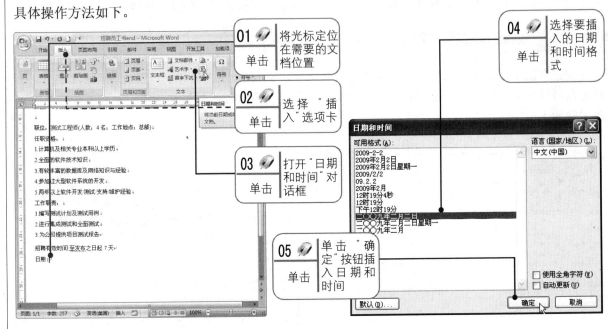

01 单击　将光标定位在需要的文档位置

02 单击　选择"插入"选项卡

03 单击　打开"日期和时间"对话框

04 单击　选择要插入的日期和时间格式

05 单击　单击"确定"按钮插入日期和时间

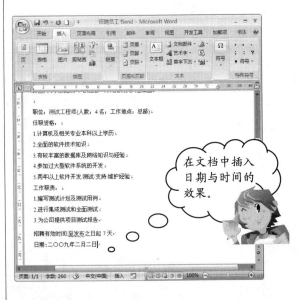

在文档中插入日期与时间的效果。

高手点拨

在"日期和时间"对话框中，若勾选了"使用全角字符"复选框，则插入的日期和时间中，数字及标点符号一个字符将占据两个字节；若勾选了"自动更新"复选框，则插入的日期和时间会随着打开文档的日期及时间而自动更新。

技巧 03：　输入带圈数字

数字有多种不同格式的表示方法，如罗马数字、中文大写数字、阿拉伯数字等。Word 2007 提供了多种数字格式以供使用。若要输入带圈的数字，可按以下方法进行操作。

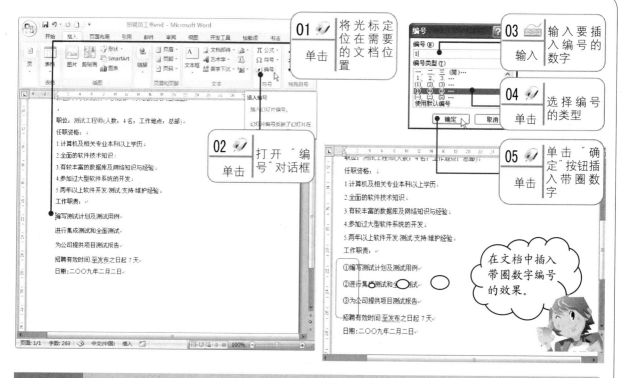

技巧 04： 输入繁体文字

在 Word 2007 中要输入繁体文字，可以通过"中文简繁转换"功能来实现。具体操作方法如下。

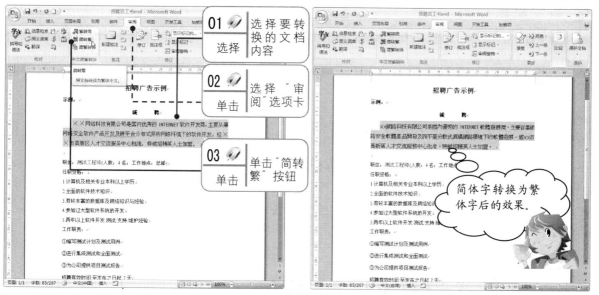

高手点拨

　　在"中文简繁转换"功能组中，"繁转简"命令表示将文档中的繁体文字转换为简体文字；"简转繁"命令表示将文档中的简体文字转换为繁体文字；"简繁转换"命令表示将文档中现有的简体文字转换为繁体文字，同时将文档中现有的繁体文字转换为简体文字。

技巧 05：　给文档添加批注信息

在审阅文档时，可以给文档内容添加批注信息，以便对文档内容提出意见说明。添加批注信息的具体操作方法如下。

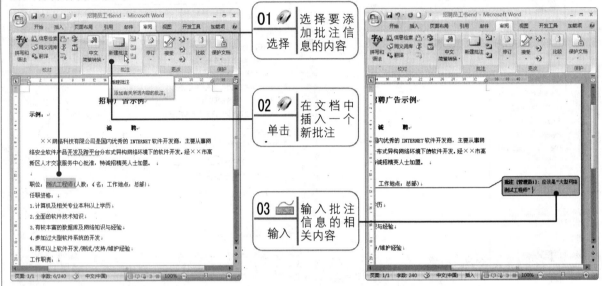

高手点拨

在文档中插入批注信息后，如果要删除批注，可以选择要删除的批注，然后在"批注"功能组中单击"删除批注"按钮即可。

技巧 06：　快速了解文档的总页数

在显示字数统计的状态栏左侧，有一项页数统计信息，如"3/25"，其中，"3"是指当前所在页的页数，"25"是指整篇文档的总页数。

有些用户可能在状态栏中找不到页数统计信息，这是由于用户选择了"阅读版式视图"或"Web版式视图"造成的，只要切换到"页面视图"、"大纲视图"或"普通视图"，就可以看到页数统计信息了。

技巧 07：　在文档编辑中设置避免段落内分页

如果将一个段落放在两页显示，可能会造成阅读的不便。因此，可以通过以下设置，让 Word 自动调整段落分布，避免段落内分页。具体操作方法如下。

01 　将光标定位在要设置的段落，或选择不允许分页的段落，然后按以下图示步骤进行操作即可。

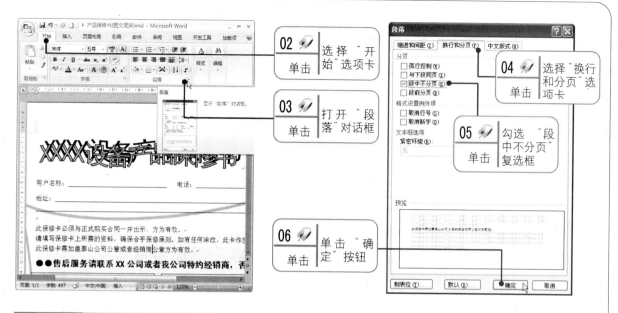

技巧 08： 快速合并多个 Word 文件中的内容

在编辑文档内容时，如果需要将一个 Word 文件中的文档内容快速插入到另一个 Word 文件中时，则可以按以下方法来操作。

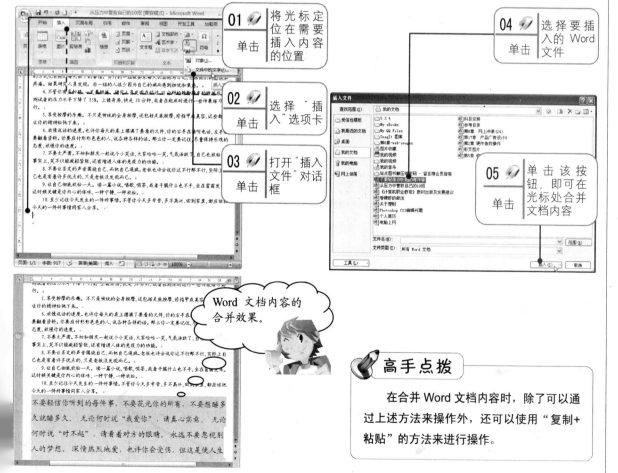

Word 文档内容的合并效果。

高手点拨

在合并 Word 文档内容时，除了可以通过上述方法来操作外，还可以使用"复制+粘贴"的方法来进行操作。

技巧 09: 更改艺术字的文字内容

当在文档中插入艺术字后，若需要对当前的文字内容进行修改，则可以按以下方法进行操作。

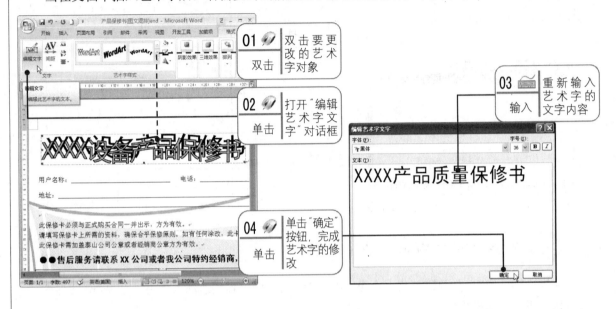

01 双击 双击要更改的艺术字对象

02 单击 打开"编辑艺术字文字"对话框

03 输入 重新输入艺术字的文字内容

04 单击 单击"确定"按钮，完成艺术字的修改

技巧 10: 重新设置艺术字的样式

在插入艺术字时选择的样式，可以在创建艺术字后再次进行重新调整和修改。具体操作方法如下。

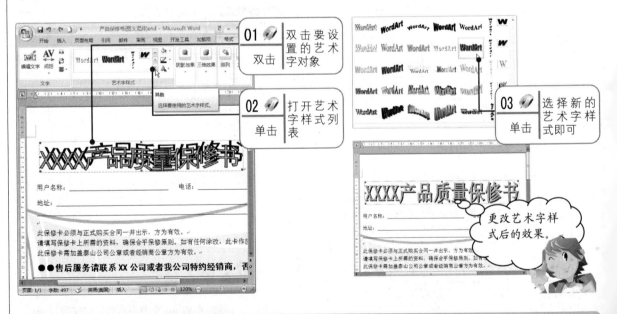

01 双击 双击要设置的艺术字对象

02 单击 打开艺术字样式列表

03 单击 选择新的艺术字样式即可

更改艺术字样式后的效果。

技巧 11: 设置图片的亮度与对比度

在文档中插入图片后，还可以设置图片的亮度与对比度。具体操作方法如下。

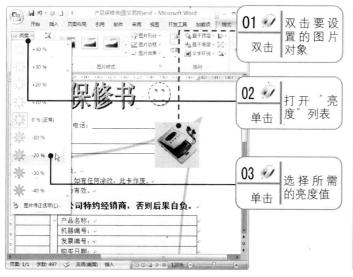

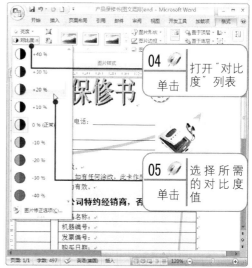

技巧 12: 替换文档中的图片

用户对已经插入的图片不满意时，还可以将其更改为其他图片，但保持当前图片的格式和大小。更改图片的操作方法如下。

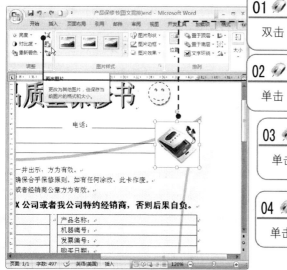

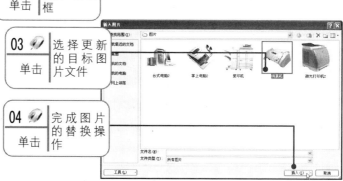

图片替换后的效果。

高手点拨

用户需要注意的是，当更换图片内容后，其更换后的图片大小、位置、颜色等属性会保持更换前图片的属性。

技巧 13：　给图片设置样式

在 Word 2007 中，可以给图片设置一种外观样式，以美化图片。操作方法如下。

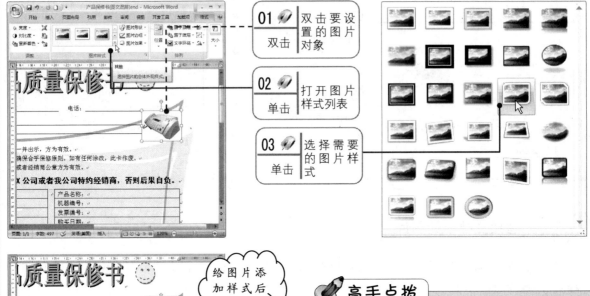

01 双击　双击要设置的图片对象

02 单击　打开图片样式列表

03 单击　选择需要的图片样式

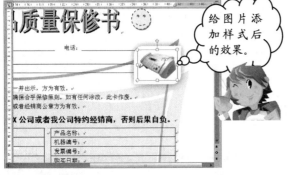

给图片添加样式后的效果。

高手点拨

　　Word 2007 预设了 28 种图片的总体外观样式，每种样式均有提示，且可以看到预览效果。

技巧 14：　给图片添加特殊效果

　　在 Word 2007 中新增了图片特效功能，用户可以对图片应用某种视觉特效，以增加图片的艺术效果，例如阴影、发光、映像、三维旋转等效果。设置图片特殊效果的方法如下。

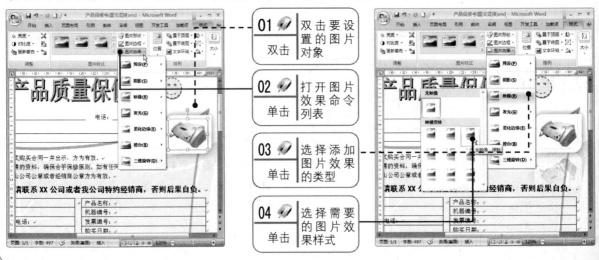

01 双击　双击要设置的图片对象

02 单击　打开图片效果命令列表

03 单击　选择添加图片效果的类型

04 单击　选择需要的图片效果样式

技巧 15：　插入与使用图示

　　SmartArt 图形是用户信息的视觉表现形式，用户可以从多种不同的布局中进行选择，从而快速轻松地创建所需形式，以便有效地传达信息或观点。

　　SmartArt 图形包括图形列表、流程图以及更为复杂的图形，例如维恩图、组织结构图等。下面以插入列表中的"层次结构"图示为例，讲解其具体操作。

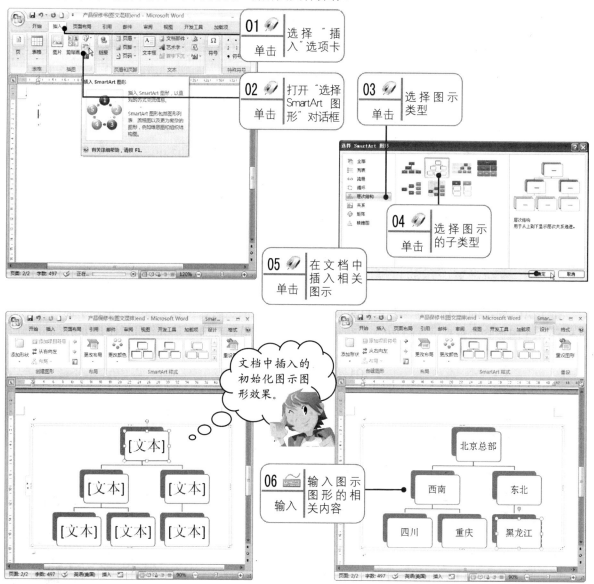

技巧 16: 添加图示中的形状

在文档中插入 SmartArt 图示后，可以根据需要对图示进行修改、调整和美化。对已插入图示中的形状，可以根据需要在相关位置进行添加。具体操作方法如下。

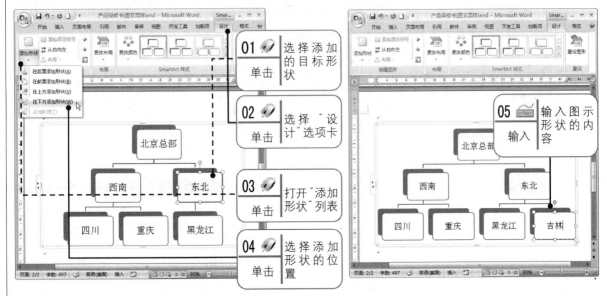

技巧 17: 重新设置图示的布局

SmartArt 图形创建好以后，若用户对其类型或布局不满意时，可以更改其类型。下面以文档中的 SmartArt 图形将"垂直层次结构"更改为"水平层次结构"为例，介绍其具体操作方法。

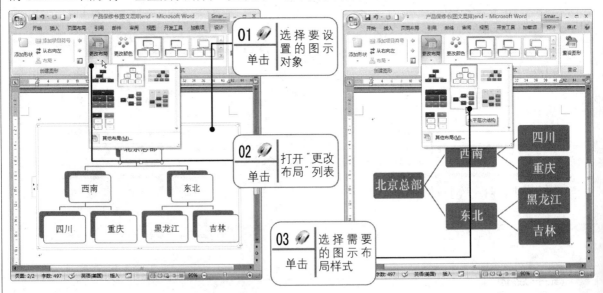

技巧 18: 给图示设置颜色

对于创建的 SmartArt 图形颜色方案不满意时，可以通过以下方法进行调整和修改。

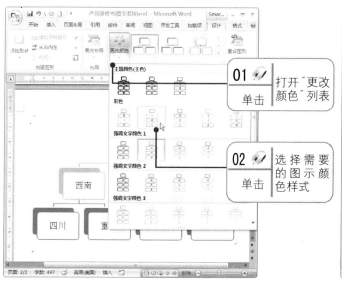

01 单击　打开"更改颜色"列表

02 单击　选择需要的图示颜色样式

更改颜色后的图示图形效果。

技巧 19：　更改图示的样式

　　为了使插入的 SmartArt 图形更加美观，用户可以使用 SmartArt 样式来美化总体外观样式。更改 SmartArt 图示样式的具体操作步骤如下。

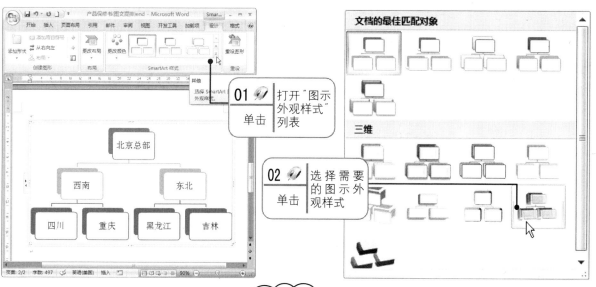

01 单击　打开"图示外观样式"列表

02 单击　选择需要的图示外观样式

更改图示样式后的效果。

高手点拨

　　Word 2007 中 SmartArt 图示的应用与编辑操作还有很多，如调整图示的级别、编辑图示中相关图形的格式等。由于篇幅有限，这里就不一一讲述了，读者可以自己动手试一试。

过关练习 —— 自我测试与实践

通过前面内容的学习，按要求完成以下过关练习题。

（1）在 Word 2007 中，利用 SmartArt 图形及艺术字的相关知识，编辑一张如下图所示的流程图。然后以"家具生产流程图"为文件名进行保存。

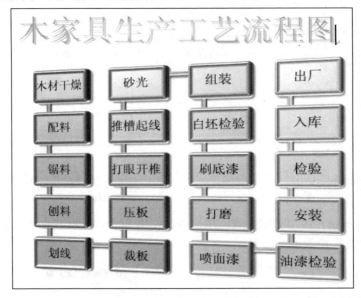

（2）利用 Word 2007 文档内容的录入与编辑知识，新建一篇文档，录入并编辑一份如下图所示的"购销合同"文档内容，然后以"购销合同"为文件名进行保存。

购销合同
××字第×号
订立合同双方：
采购单位【甲方】：市科技图书馆
供货单位【乙方】金海洋科技有限公司
兹因甲方向乙方订购下列货品，经双方议妥条款如下，以资共同遵守：
一、货品名称、数量及规格如下：

产品名称	规格	数量	单位	单价	总额
专用电脑	B 型	124	套	7200	892800

二、交货期限：2009 年 7 月 1 日
三、交货地点：市科技楼 2B
四、货款的交付方法：现清
五、包装方法及费用负担：乙方定，乙方负担
六、运输方法及费用负担：乙方定，乙方负担
七、其它费用负担：无
八、本合同一式两份，甲乙双放各执一份，双方签字盖章后生效。
甲方：（公章）
负责人：张三
地址：市科技楼 2B
电话：8123456
开户银行：中国银行
账号：9988776655
乙方：（公章）
负责人：李四
地址：
电话：9123456
开户银行：农业银行
账号：33445566
合同签订时间：2009 年 6 月 16 日

Chapter 03

Word 文档的格式编排

高手指引

小军今天下班回来后，拿了一份公司的办公文档给小艳，让她把文档中的内容在 Word 中录入好，以便给她讲解 Word 2007 文档格式的设置知识。

小艳，文档内容录好了吗？

嗯，差不多录入完了。

你对上面的文档格式会设置吗？

小军，上面的基本格式我会编辑，但还有很多其他格式我都不会呢。

没关系，让我来系统地教教你吧！

用户在编辑 Word 文档时，不仅要输入文本，还需要对文本进行美化，例如字体颜色、文字大小、添加编号、添加页码等。在 Word 2007 中为用户提供了字体格式设置、段落格式设置、页面格式设置等功能。本章主要向用户介绍 Word 2007 文本的格式设置及相关技巧。

学习要点

- ◆ 办公文档字符格式的设置操作
- ◆ 办公文档段落格式的设置操作
- ◆ 办公文档页面格式的设置操作
- ◆ 办公文档高级格式的设置操作

基础入门 —— 必知必会知识

3.1 设置文档的字符格式

文字格式有字体、字形、颜色、大小、字符间距、动态效果等。默认情况下，在新建的文档中输入文本时，文字以正文文本的格式输入。

3.1.1 设置字体、字号与字形

在字符格式中，设置文字的字体、字号及字形是最基本的格式操作。设置文字的字体、字号等基本格式有两种方法，一是通过"浮动菜单"，二是通过功能区。

光盘文件：	
素材文件	光盘\素材文件\第 3 章\前言.docx
结果文件	光盘\结果文件\第 3 章\前言.docx

1. 通过功能区进行设置

在"开始"选项卡的"字体"功能组中为用户提供了文字的基本格式设置按钮，可以单击这些按钮对文字进行相应的格式设置。具体操作方法如下。

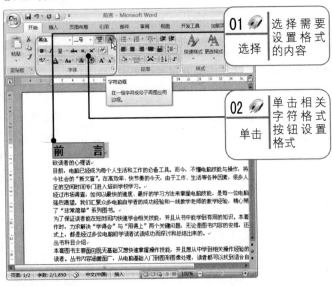

01 选择 选择需要设置格式的内容

02 单击 单击相关字符格式按钮设置格式

设置字符基本格式后的效果。

高手点拨

在"字体"功能组中为用户提供了多种字符格式，用户还可以单击"字体"功能组右下角的"对话框开启"按钮 ，打开"字体"对话框，然后进行更加丰富的字符格式设置。

2．通过浮动菜单进行设置

在 Word 2007 中，为用户提供了常用格式设置的浮动工具栏。选中需要设置字体的文字，当鼠标移开被选中文字，则立即会有一个"字体设置浮动菜单"以半透明方式显示出来。用户将光标移动到半透明菜单上时，菜单项以不透明方式显示。浮动菜单中包含了最常用的字体设置按钮，如字体、字号、颜色、对齐方式等，选中需要设置的文本，然后单击这些按钮即可完成字体设置。操作如右图所示。

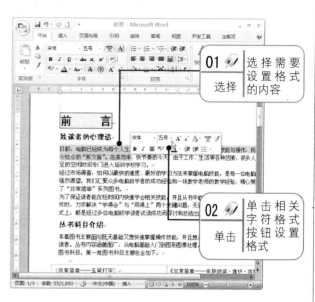

01 选择　选择需要设置格式的内容

02 单击　单击相关字符格式按钮设置格式

在"字体"功能组中含有多种基本格式设置按钮，其作用及含义如下表所示。

命令按钮	功能作用
宋体	字体按钮。设置文本内容的字体，如黑体、楷体、隶书、幼圆等
五号	字号按钮。设置字符大小，如五号、三号等
文	文字注音按钮。单击可给文字注音，且可编辑文字注音的格式
A	字符边框按钮。可以给文字添加一个线条边框，如 字符边框
B	加粗按钮。将字符的线型加粗，如加粗
I	倾斜按钮。将字符进行倾斜，如*倾斜*
U	下划线按钮。给字符下面加横线，如下划线
abc	删除线按钮。单击可给选择字符添加删除线效果，如删除线效果
x₂ x²	上标与下标按钮。单击可将字符设置为上标和下标效果，如 X^2、H_2
Aa	清除格式按钮。单击可将文字格式还原到 Word 默认状态
A	字体颜色按钮。可给文档字符设置各种颜色
Aa	更改大小写按钮。单击可对文档中的英文进行大写与小写的更换
A	字符底纹按钮。单击可以给字符添加底纹效果，如底纹效果
㊙	带圈字符按钮。单击可给文字添加圈样式，以强调文字，如 ㊙
A	增大字号按钮。单击可快速增大字号
A	减小字号按钮。单击可快速减小字号

3.1.2 设置字符缩放、间距与位置

字符间距指的是两个相邻字符之间的距离，通常情况下，采用单位"磅"来度量字符间距；字符位置是指可以将字符升高或降低；缩放指将字符放大或缩小。设置字符间距、位置及缩放的操作步骤如下。

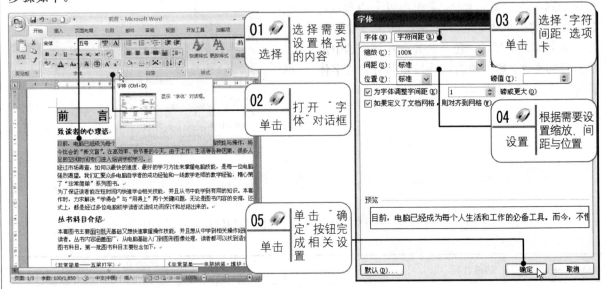

设置字符缩放、间距大小及位置的相关效果如下图所示。

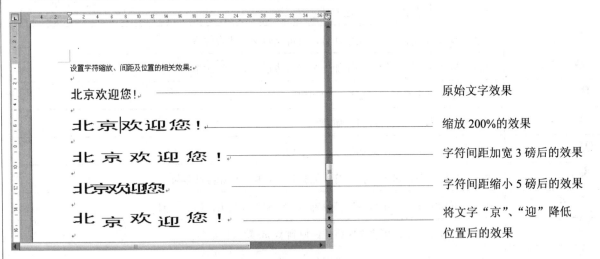

3.2 设置文档的段落格式

段落就是以回车键结束的一段文字，它是独立的信息单位。字符格式表现的是文档中局部文本的格式化效果，而段落格式的设置则是帮助设计文档的整体外观。

段落格式包括设置段落的对齐方式、段落缩进、段与段之间的间距、行间距、段落边框与底纹，以及段落编号与项目符号等格式。

3.2.1　设置段落的对齐

采用不同的段落对齐方式，将直接影响文档的版面效果。段落的对齐方式控制了段落中文本行的排列方式。在 Word 2007 中，有左对齐、居中对齐、右对齐、两端对齐及分散对齐 5 种对齐方式。设置段落对齐方式的操作方法如下。

在"段落"功能组中有 5 种段落对齐方式，其功能作用分别如下。

对齐按钮	功能作用
左对齐	左对齐是把段落中每行文本一律以文档的左边界为基准向左对齐。对于中文文本来说，左对齐方式与两端对齐方式没有什么区别。但是如果文档中有英文单词，左对齐将会使得英文文本的右边缘参差不齐，此时如果使用"两端对齐"方式，右边界就可以对齐了
居　中	居中对齐是指文本位于文档左右边界的中间
右对齐	右对齐是指文本在文档右边界被对齐
两端对齐	两端对齐是把段落中除了最后一行文本外，其余行的文本左右两端分别以文档的左右边界为基准向两端对齐。这种对齐方式是文档中最常用的，平时看到的书籍的正文都是采用这种对齐方式
分散对齐	分散对齐是把段落中所有行文本的左右两端分别以文档的左右边界为基准向两端对齐

高手点拨

由于段落格式是以段为单位的格式设置，因此，要设置某一个段落格式时，可以直接将光标定位在该段落范围内即可，而不必选中该段落文字。当然，要同时设置多个段落的格式时，则应先选中这些段落，再进行格式设置。

3.2.2 设置段落的缩进

　　段落缩进是指段落相对左右页边距向页内缩进一段距离。设置段落缩进可以将一个段落与其他段落分开，或显示出条理更加清晰的段落层次，以方便读者阅读。缩进分为首行缩进、左缩进、右缩进及悬挂缩进。

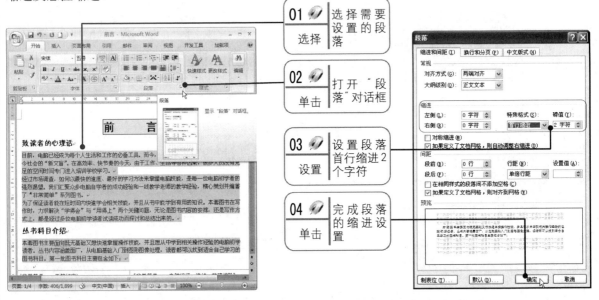

01 选择	选择需要设置的段落
02 单击	打开"段落"对话框
03 设置	设置段落首行缩进2个字符
04 单击	完成段落的缩进设置

段落首行缩进 2 个字符的效果。

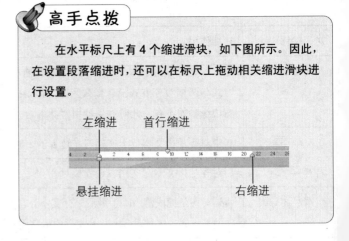

高手点拨

　　在水平标尺上有 4 个缩进滑块，如下图所示。因此，在设置段落缩进时，还可以在标尺上拖动相关缩进滑块进行设置。

左缩进　　首行缩进

悬挂缩进　　　　　　右缩进

　　在"段落"对话框中，左缩进、右缩进、首行缩进及悬挂缩进的功能分别如下。

- 左（右）缩进：整个段落中所有行的左（右）边界向右（左）缩进，左缩进和右缩进合用可产生嵌套段落，通常用于引用的文字。
- 首行缩进：从一个段落首行第一个字符开始向右缩进，使之区别于前面的段落。
- 悬挂缩进：将整个段落中除了首行外所有行的左边界向右缩进。

3.2.3　设置段间距与行间距

　　段间距是指相邻两段落之间的距离，包括段前距和段后距；行间距是指某一段落中行与行之间的距离。设置段落中段间距与行间距的操作方法如下。

01 　选择要设置的段落，在"段落"功能组中单击"段落对话框开启"按钮，打开"段落"对话框，然后按以下步骤进行设置。

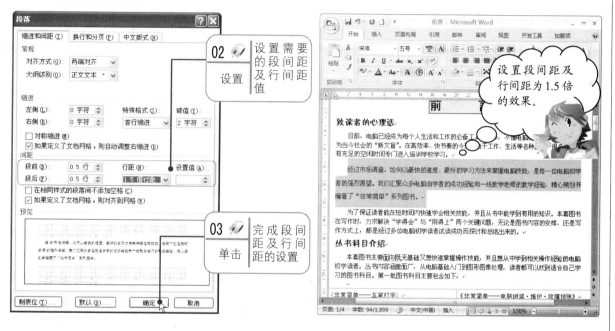

02　设置　设置需要的段间距及行间距值

03　单击　完成段间距及行间距的设置

设置段间距及行间距为 1.5 倍的效果。

3.2.4　设置段落的边框与底纹

　　为文档中的段落设置边框和底纹，能突出显示这些信息，其操作方法如下。

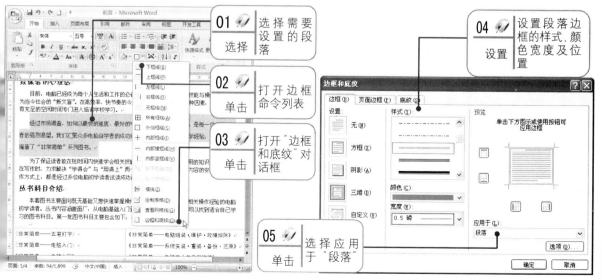

01　选择　选择需要设置的段落

02　单击　打开边框命令列表

03　单击　打开"边框和底纹"对话框

04　设置　设置段落边框的样式、颜色宽度及位置

05　单击　选择应用于"段落"

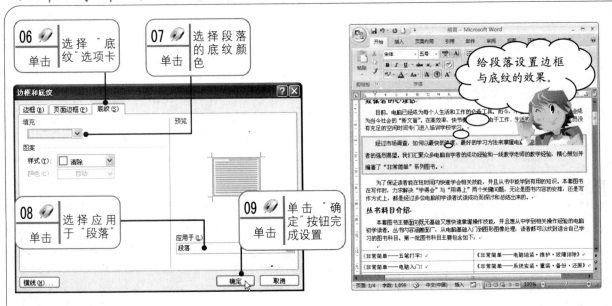

高手点拨

在设置段落的边框与底纹时，也可以直接在"段落"功能组中单击"边框与底纹"按钮，设置需要的边框样式；单击"底纹"按钮，可以直接选择底纹颜色。

3.2.5 设置段落编号与项目符号

给文档中的段落添加项目符号或编号，可以增强文档的可读性，使文档内容具有"要点明确、层次清楚"的效果。

1. 设置段落编号

段落编号可以是阿拉伯数字、罗马序列字符、大写中文数字，还可以是英文字母等样式。设置段落编号的方法如下。

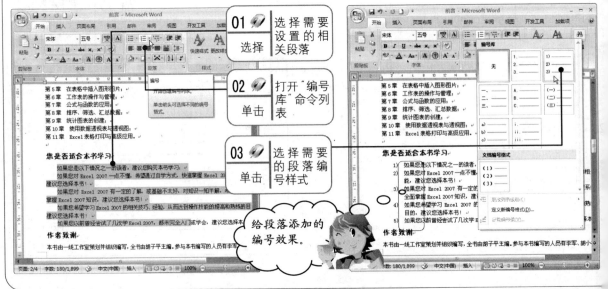

　　在设置段落的编号时，还可以单击"定义新编号格式"命令，打开"定义新编号格式"对话框，自行设置编号的样式及格式。

2．设置段落项目符号

　　Word 2007 具有自动添加项目符号的功能。所谓项目符号，是指在文档的段落开头输入●、★、■等字符。设置段落项目符号的操作方法如下。

01 选择	选择需要设置的相关段落
02 单击	打开"项目符号"命令列表
03 单击	选择需要的段落项目符号

给段落添加项目符号的效果。

　　同样，设置段落的项目符号时，还可以单击"定义新项目符号"命令，打开"定义新项目符号"对话框，自行设置项目符号的类型及相关样式。

3.3　设置文档的页面格式

　　用户可以为文档进行总体设计，如改变纸张大小、设置页面边距、添加页面边框和背景等。Word 2007 为用户提供了强大的页面格式设置功能，可以利用 Word 2007 的页面布局功能来美化文档。

3.3.1　设置页面颜色

　　Word 2007 提供了强大的颜色配置功能。通过页面颜色设置，可以为文档页面设置专业的颜色方案，当页面填充颜色时，是对整个文档的所有页面进行相同的颜色填充。具体操作方法如下。

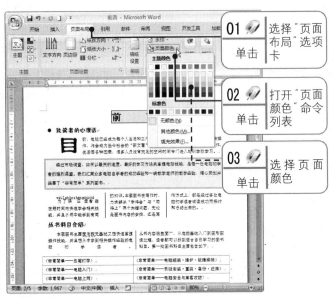

01 单击	选择"页面布局"选项卡
02 单击	打开"页面颜色"命令列表
03 单击	选择页面颜色

给文档添加页面颜色后的效果。

高手点拨

在设置页面颜色时，也可以单击"页面颜色"命令列表中的"其他颜色"按钮或"填充效果"按钮，打开相应对话框，以设置更丰富的页面颜色效果。注意，页面颜色用黑白打印机是打印不出来的。

3.3.2 设置页面水印背景

水印是指显示在 Word 文档背景中的文字或图片，其中，文字的水印在经济活动中有着比较重要的用途，如有的技术资料中经常使用"保密"、"原件"等水印文字来标识文档。例如，给文档添加"传阅"字样的水印背景效果。具体操作方法如下。

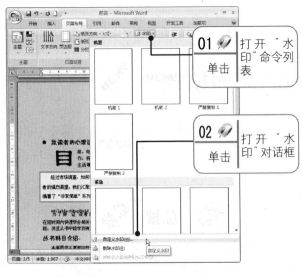

01 单击	打开"水印"命令列表
02 单击	打开"水印"对话框
03 设置	设置文档的水印文字
04 单击	单击"确定"按钮，完成水印背景的设置

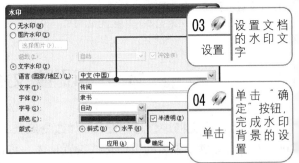

高手点拨

在"水印"对话框中，可以选中"图片水印"单选按钮，然后单击"选择图片"按钮，将电脑中的图片添加为水印效果。

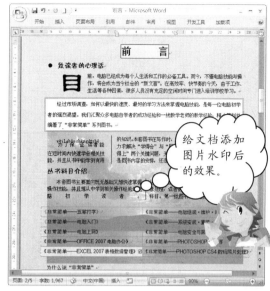

高手点拨

注意，给文档添加水印背景效果后，文档的每一页都有这种效果。如果要删除水印效果，单击"水印"命令列表中的"删除水印"命令即可。

3.3.3　设置页面边框

设置页面边框是指在整个页面的内容区域外添加一种边框，添加的页面边框将应用到该文档的所有页面中。具体操作方法如下。

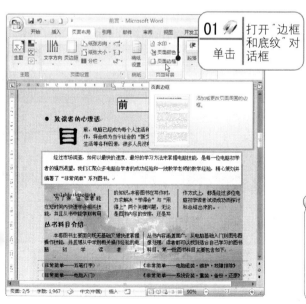

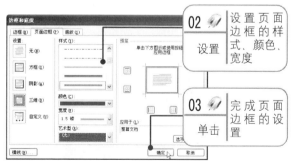

高手点拨

在"边框和底纹"对话框的"页面边框"选项卡中，还可以单击"艺术型"命令列表，给文档添加一种艺术型边框。

给文档添加线型边框的效果。

给文档添加艺术边框的效果。

高手点拨

同样，给文档添加页面边框效果后，文档的每一页都有边框效果。如果要删除边框效果，可以在"页面边框"对话框中选择"无"选项，然后单击"确定"按钮即可。

3.3.4 设置页眉页脚

页眉和页脚是指文档中每个页面页边距的顶部和底部区域。在进行文档编辑时，可以在页眉和页脚中插入文本或图形。例如，可添加公司徽标、文档标题、文件名、作者姓名等。在文档中插入页眉和页脚的操作方法如下。

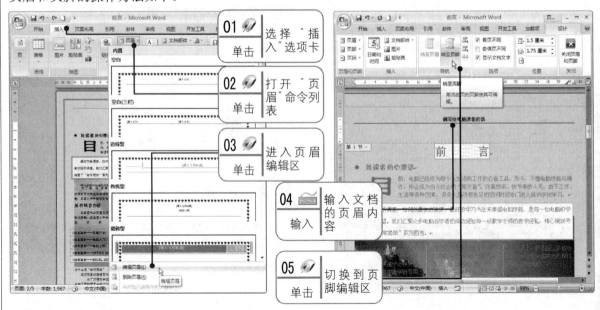

01 单击 选择"插入"选项卡

02 单击 打开"页眉"命令列表

03 单击 进入页眉编辑区

04 输入 输入文档的页眉内容

05 单击 切换到页脚编辑区

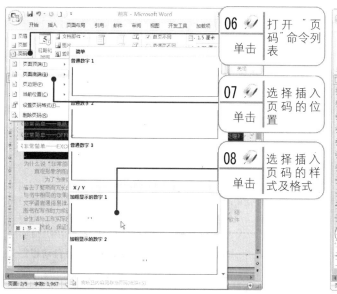

06 打开"页码"命令列表
单击

07 选择插入页码的位置
单击

08 选择插入页码的样式及格式
单击

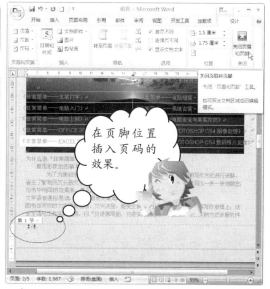

在页脚位置插入页码的效果。

高手点拨

在页眉中输入文字内容后，也可以像正文内容一样，对其字符格式及对齐方式进行设置。在页脚中除了可以直接插入页码外，也可以输入相关内容。在编辑页眉和页脚时，也可以在"插入"功能组中直接插入"日期和时间"、"图片"、"剪贴画"等内容。

3.3.5 设置文档纸张大小与打印方向

在 Word 中可以设置文档编辑的纸张大小及文档打印方向，其具体操作方法如下。

1. 设置文档纸张大小

如果文档要打印出来，正确设置纸张大小是非常关键的。具体方法如下：

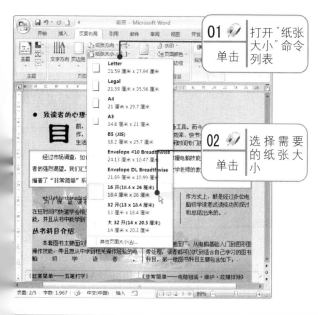

01 打开"纸张大小"命令列表
单击

02 选择需要的纸张大小
单击

如果列表中没有需要的纸张型号时，可在左图中单击"其他页面大小"按钮，打开"页面设置"对话框，然后进行相关的设置。操作方法如下图所示。

在"纸张大小"栏中设置纸张的大小。

2. 设置文档的打印方向

文档打印方向分为横向和纵向两种。若文档内容很宽时，一般将文档设置成横向打印；若文档内容很高时，一般将文档设置成纵向打印。设置文档打印方向的操作方法如下。

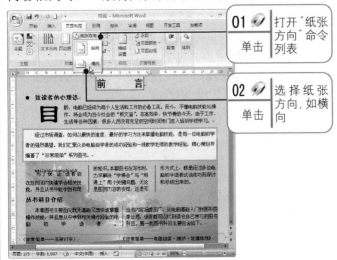

01 单击 打开"纸张方向"命令列表

02 单击 选择纸张方向，如横向

高手点拨

对文档设置的打印方向与打印机打印时用户放纸的方向无关，打印机会自动根据设置的打印方向将文档打印出来。

3.3.6 设置文档的页边距

页边距是指打印在纸张上的内容与纸张上、下、左、右边界的距离。在打印文档时，一般可根据要打印文档内容的多少及纸张大小来设置页边距。具体操作方法如下。

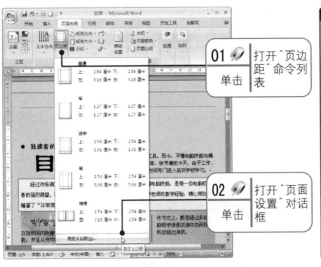

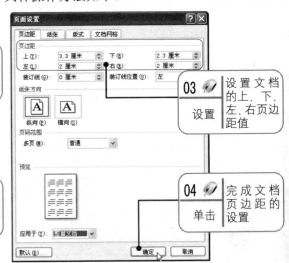

01 单击 打开"页边距"命令列表

02 单击 打开"页面设置"对话框

03 设置 设置文档的上、下、左、右页边距值

04 单击 完成文档页边距的设置

高手点拨

如果对文档设置了页眉及页脚，则在设置页边距时，一定要将"页眉"边距值设置成小于"上"边距值，将"页脚"边距值设置成小于"下"边距值，否则，打印文档后，页眉、页脚会与文档内容重叠。

进阶提高 ——— 技能拓展内容

通过前面基础入门知识的学习，相信初学者对 Word 文档的字符格式、段落格式及页面格式的基本设置已经掌握。为了进一步提高文档格式的编辑技能，下面介绍与本章内容相关的一些操作技巧。

技巧 01： 设置英文单词的大小写

若文档中有英文字符或相关单词时，可以根据需要设置单词的大小写格式，如句首字母大写、全部小写、全部大写等。具体设置方法如下。

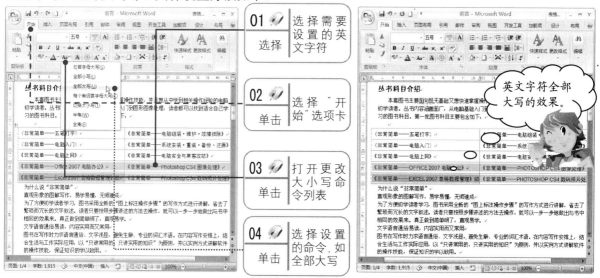

技巧 02： 快速设置字符的上标与下标效果

在编辑 Word 文档时，有时需要输入一些特殊格式的字符，如面积单位 m^2，化学分子式 H_2O，这时就要用到上标或下标。其设置方法如下。

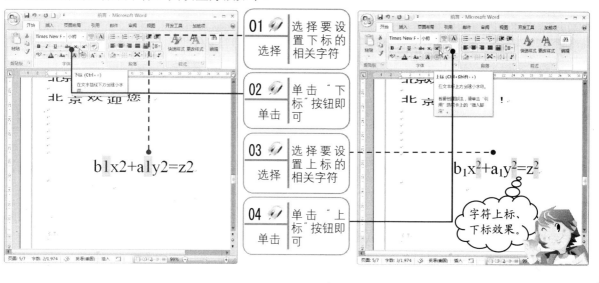

技巧 03：　给文字添加拼音

用户要给文字注音，显示拼音字符以明确发音，可以使用拼音指南完成。给文字添加拼音的操作方法如下。

- **01 选择** 选择需要添加拼音的字符
- **02 单击** 打开"拼音指南"对话框
- **03 设置** 设置汉字拼音的相关格式
- **04 单击** 完成汉字的拼音添加操作

汉字添加拼音的效果。

技巧 04：　给段落设置多级编号

在制作产品列表时，一种系列里要包括多个产品，为了表明是同一系列，则需要为它们添加不同的符号。Word 2007 为用户提供了多级符号，可以根据不同级别设置不同的符号。添加多级编号的方法如下。

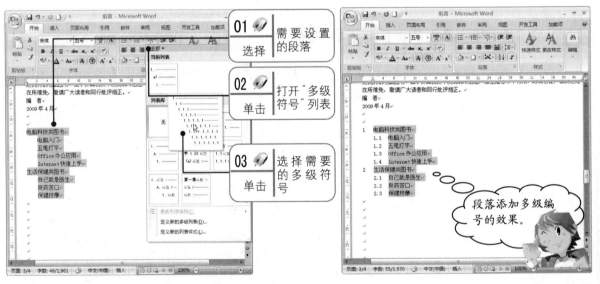

- **01 选择** 需要设置的段落
- **02 单击** 打开"多级符号"列表
- **03 单击** 选择需要的多级符号

段落添加多级编号的效果。

高手点拨

在设置多级编号或多级列表时，所设置的段落必须要有不同的缩进量，这样 Word 才能识别段落的不同级别和层次。

技巧 05： 设置段落首字下沉效果

给段落设置首字下沉可增强文档内容的视觉效果，达到突出重点、引起重视的目的。这种效果在报刊、杂志上一般用在文章的开头或某段的开始。设置首字下沉的方法如下。

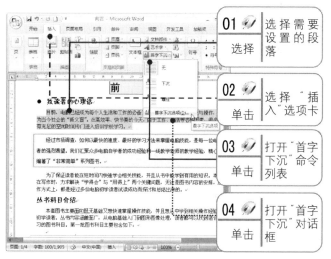

![高手点拨]

在设置首字下沉格式时，可以直接在显示的"首字下沉"命令列表中选择"下沉"或"悬挂"命令，则 Word 就会自动以默认格式进行首字下沉。如果要取消首字下沉效果，则在"首字下沉"命令列表中选择"无"即可。

技巧 06： 设置分栏效果

利用分栏排版可以创建不同风格的文档，同时能够减少版面空白。分栏排版被广泛应用于报刊、杂志等媒体中。设置分栏后，Word 的正文将逐栏排列。栏中文本的排列顺序是从最左边的一栏开始，自上而下填满一栏后，再自动从一栏的底部接续到右边相邻一栏的顶端，并开始新的一栏。设置分栏的操作方法如下。

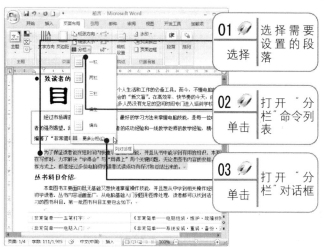

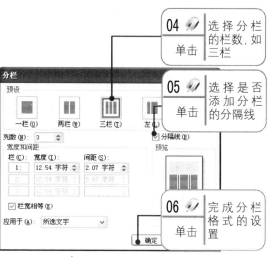

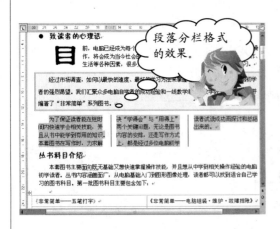

高手点拨

如果要分成更多的栏，则可以在"分栏"对话框中直接单击"列数"文本框右侧的微调按钮，直到文本框中的数字变为所需要的栏数，但最多只能分成 11 栏。如果要将各栏的栏宽设置成不一样，则在"分栏"对话框中取消勾选"栏宽相等"复选框即可，然后在"宽度和间距"区域中就可以进行调整了。

技巧 07： 强制插入分栏符

在文档的分栏操作中，当对段落进行分栏后，Word 会自动根据段落字符情况进行分栏。分栏后，用户也可以在分栏中插入分栏符，以强制让光标后的内容跳转到下一栏中。具体操作方法如下。

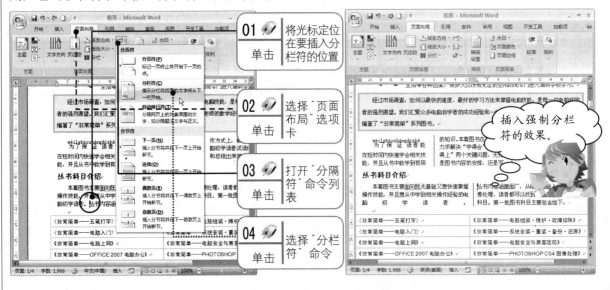

01 单击 将光标定位在要插入分栏符的位置

02 单击 选择"页面布局"选项卡

03 单击 打开"分隔符"命令列表

04 单击 选择"分栏符"命令

插入强制分栏符的效果。

技巧 08： 给文档添加封面

Office Word 2007 提供了一个预先设计的封面样式库，用户可以选择一个封面并用自己的内容替换示例文本。给文档添加封面的操作方法如下。

高手点拨

无论光标出现在文档的什么地方，封面始终插入文档的开头，用户使用自己的内容替换示例文本即可。如果在文档中插入另一封面，则它将替换插入的第一个封面。

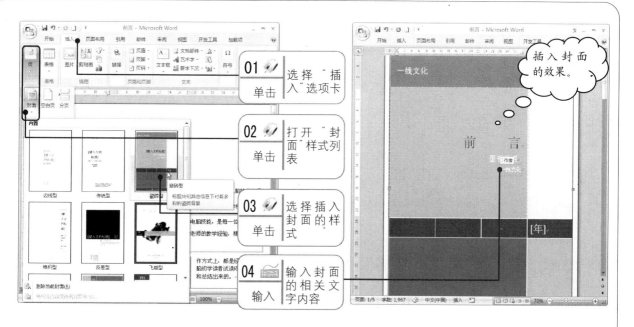

01 单击　选择"插入"选项卡

02 单击　打开"封面"样式列表

03 单击　选择插入封面的样式

04 输入　输入封面的相关文字内容

插入封面的效果。

技巧 09：　指定文档每页的行数和字符数

在 Word 中编辑文档时，有时由于特殊要求，需要指定每页编排固定的行数和每行编排固定的字符数，那么可以通过以下方法进行设置。

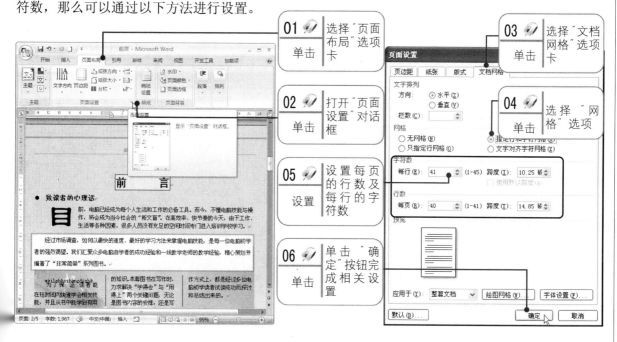

01 单击　选择"页面布局"选项卡

02 单击　打开"页面设置"对话框

03 单击　选择"文档网格"选项卡

04 单击　选择"网格"选项

05 设置　设置每页的行数及每行的字符数

06 单击　单击"确定"按钮完成相关设置

技巧 10：　设置文档页码的起始页

默认情况下，为文档插入页码后，都是以第 1 页开始进行编号。有时由于特殊需要，文档的页码需要进行指定，那么就必须设置起始页码。具体操作方法如下。

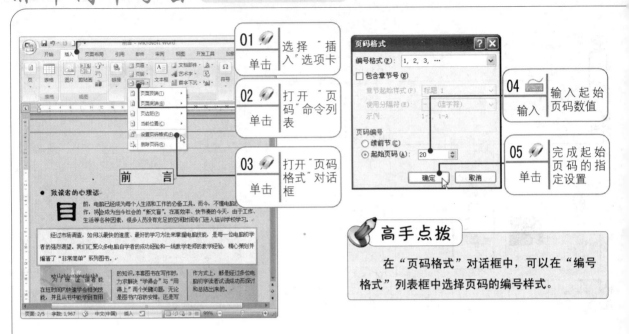

高手点拨

在"页码格式"对话框中，可以在"编号格式"列表框中选择页码的编号样式。

技巧 11：设置奇数页与偶数页不同的页眉页脚

对于两页或两页以上的文档，可以为奇数页和偶数页设置各不相同的页眉、页脚，特别是在双面文档中，常常需要创建奇、偶页不同的页眉、页脚。创建奇偶页不同的页眉或页脚的操作方法如下。

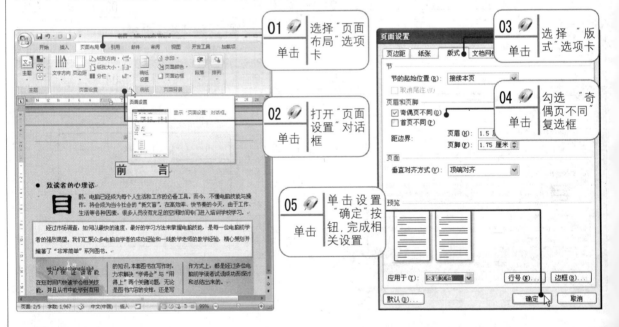

高手点拨

在"页面设置"对话框中，若勾选了"首页不同"复选框，则将创建首页不同的页眉和页脚。选择该复选框后，可以在首页编辑一个与其他页不同的页眉和页脚内容。当然，也可以不编辑任何内容，以让首页没有页眉和页脚内容，这在实际工作中应用非常有用。

技巧 12：　如何删除页眉中的横线

　　当在文档中插入页眉或页脚内容后，Word 就会自动在页眉区位置插入一条横线以示分隔。如果不需要该横线又希望保留页眉内容时，则可以按以下方法进行操作。

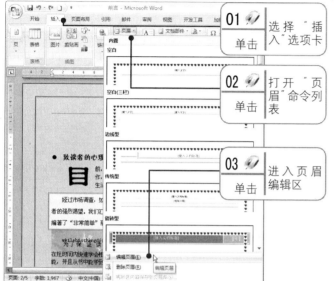

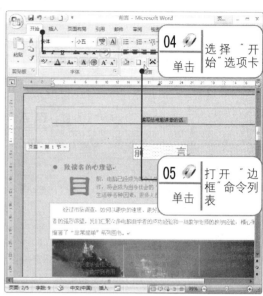

技巧 13：　如何强制文档快速分页

　　录入文档内容时，若当前页满，再继续录入内容时，Word 会自动增加一页。但在编辑某些文档时，当前页面还未录满，但想要在另外一页中录入其他内容，或者要将一页中的内容分为两页显示，此时则可以对文档强制分页。具体操作方法如下。

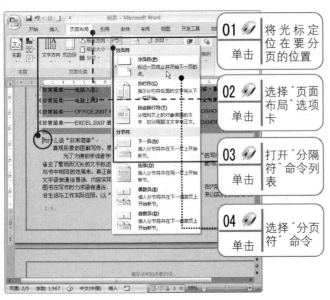

01 单击	将光标定位在要分页的位置
02 单击	选择"页面布局"选项卡
03 单击	打开"分隔符"命令列表
04 单击	选择"分页符"命令

高手点拨

在插入强制分页符时，也可以将光标定位在要分页的位置，然后按下 Ctrl + Enter 快捷键即可。如果要取消分页符，可以将光标定位在分页的位置，按 Backspace 键删除即可。

技巧 14： 在 Word 中制作特大字技巧

在 Word 2007 中设置文字的字号大小时，除了可以使用系统提供的字号之外，用户还可以自定义字号的大小，以便制作一些超大或超小的字体效果。例如，制作一个"闲人免进"的特大字标语，其操作方法如下。

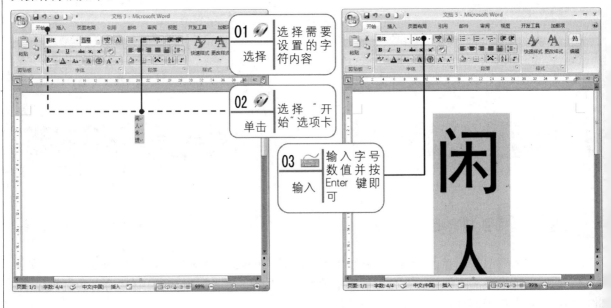

01 选择	选择需要设置的字符内容
02 单击	选择"开始"选项卡
03 输入	输入字号数值并按 Enter 键即可

高手点拨

　　用户可以在"字号"文本框中输入的数字范围为 1~1638。另外，在 Word 2007 中，也可以通过插入艺术字的方法来制作特大文字。插入艺术字后，将艺术字文档进行放大即可，如右下图所示。

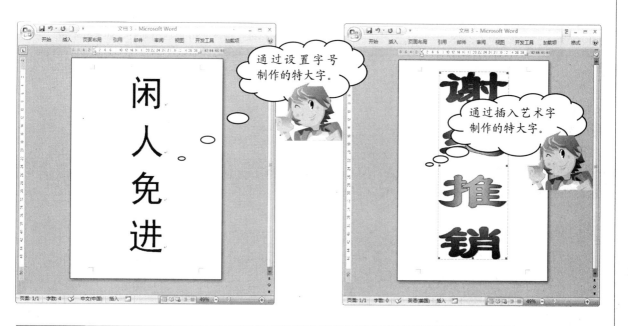

技巧 15：　快速设置相同格式

　　在 Word 文档格式的设置与编排中，如果有多处需要相同格式时，可以使用"格式刷" ✐ 进行快速复制。具体操作方法如下。

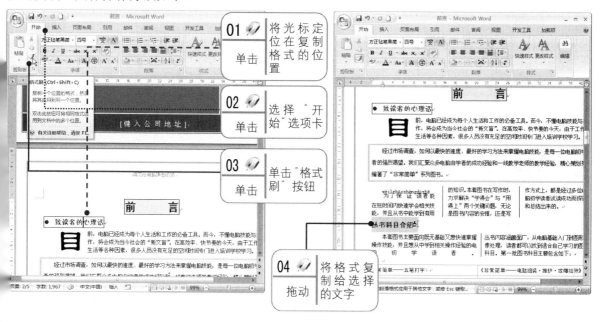

通过格式刷复制的格式。

高手点拨

双击"格式刷"按钮 ✐ 后，可以将选择的目标格式多次复制给其他文字对象，如果要取消格式刷复制属性，则按 Esc 键退出即可。如果只使用"格式刷" ✐ 复制一次格式，那么可以在选择目标格式后单击一次"格式刷"按钮 ✐ 即可。

过关练习 ── 自我测试与实践

打开第 2 章创建的"购销合同"文件，然后按以下要求对文档进行相关的格式编辑操作。

（1）将文档纸张设置为 B5 类型，其页边距上、下各为 2cm，左右各为 1.5cm。

（2）给文档添加红色半透明的水印背景文字，其内容为"公司绝密"，字体为行楷。

（3）给文档添加一种宽度为 10 磅的艺术型页面边框，效果如下图所示。

（4）为文档设置页眉和页脚内容，在页眉区中输入内容为"图书采购合同"，并右对齐；在页脚区直接插入页码。

（5）其段落格式及字符格式如下图所示进行相关设置，最终合同编辑效果如下图所示。

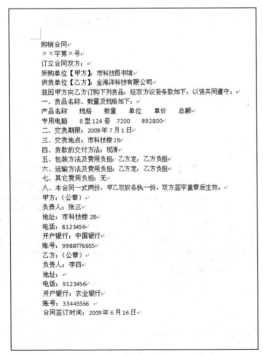

高手指引

经过前面的认真学习，小艳现在已经会在 Word 2007 中编辑图文并茂的办公文档了。可是，她对 Word 制表应用一点也不熟悉，而在日常生活与工作中，经常需要制作一些表格。

> 小军，你前面给我讲解的内容我已经掌握得很熟练了，能编排图文并茂的文档，可对表格制作一点也不会。

> 小艳，不要着急，我今天带来了很多表格示例，专门给你讲解如何在 Word 2007 中制作表格。

> 太感谢你了，小军。

> 不必客气，掌握表格的制作知识，也是一名办公人员必备的技能。

> 嗯，表格在工作与生活中应用很广泛的。

> 是的，下面就让我来教你表格制作的相关知识吧！

在办公应用中，经常需要创建和编辑一些表格，使用表格表达信息会有非常直观的效果。本章将给初学者介绍表格的创建、编辑、修饰等操作，以及表格中数据的处理方法。

学习要点

- ◆ 表格的插入方法
- ◆ 表格对象的选择
- ◆ 表格单元格/行/列的编辑操作
- ◆ 表格相关格式的设置与编辑
- ◆ Word 文档的打印操作

基础入门 ——— 必知必会知识

4.1 插入表格

表格在我们日常工作中随处可见，Word 2007 为用户提供了强大的制表功能，可以利用 Word 2007 的表格功能，随心所欲地编辑出自己需要的表格。在 Word 2007 中创建表格的方式一般有两种，一是插入表格，二是绘制表格。下面具体介绍这两种操作方法。

4.1.1 插入规则表格

如果要创建表格的行与列很规则，那么可以通过插入规则的表格来创建。具体操作方法如下。

> 在文档中插入 5 列 10 行的表格。

高手点拨

在插入规则表格时，也可以在"插入"选项卡的"表格"命令列表中，直接将鼠标指针指向表格的方格区域，则"插入表格"将会自动变为"'列数'×'行数'表格"。在方格区域移动鼠标指针，当方格顶端显示出所需要的行数、列数时，单击鼠标左键即可，其具体操作如下。

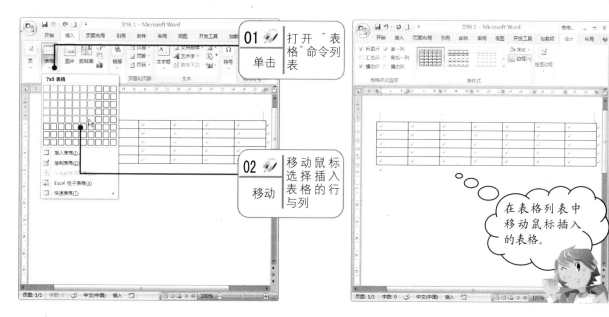

高手点拨

通过上面这种插入表格的方法虽然是最简单的，但却有一定的局限性，因为通过这种方法最多只能插入 10 列、8 行的表格。如果需要插入行数、列数更多的表格，则只能通过"插入表格"对话框或其他办法来插入。

4.1.2 插入不规则表格

在 Word 中创建表格的行数列数不规则或行高、列宽不规则时，用户可以通过手工绘制表格的方法来创建。利用这种方法创建不规则表格非常方便，其具体操作如下。

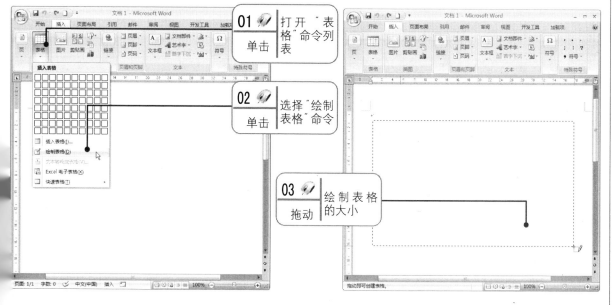

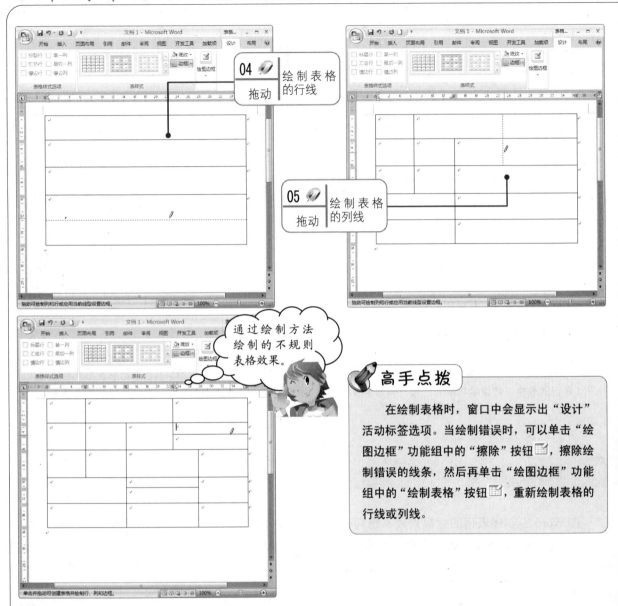

04 拖动
绘制表格的行线

05 拖动
绘制表格的列线

通过绘制方法绘制的不规则表格效果。

高手点拨

在绘制表格时，窗口中会显示出"设计"活动标签选项。当绘制错误时，可以单击"绘图边框"功能组中的"擦除"按钮，擦除绘制错误的线条，然后再单击"绘图边框"功能组中的"绘制表格"按钮，重新绘制表格的行线或列线。

4.1.3 在表格中输入内容

当创建好表格后，就可以选择输入法在表格中输入内容。其具体操作方法如下。

单击需要输入内容的单元格，选择自己熟悉的输入法输入相关内容即可。效果如右图所示。

在表格中输入内容。

高手点拨

注意，在表格中编辑的文字内容与在表格之外编辑的文字内容属性一样，可以进行复制、移动、查找、替换、删除以及格式设置等编辑操作。

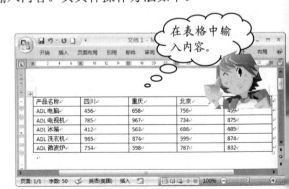

产品名称	四川	重庆	北京	
ADL 电脑	456	658	756	459
ADL 电视机	785	967	734	875
ADL 冰箱	412	563	688	689
ADL 洗衣机	965	874	599	874
ADL 微波炉	754	598	787	832

4.1.4 删除不需要的表格

若当前创建的表格不满意时，可以通过以下方法将表格删除掉。具体操作如下。

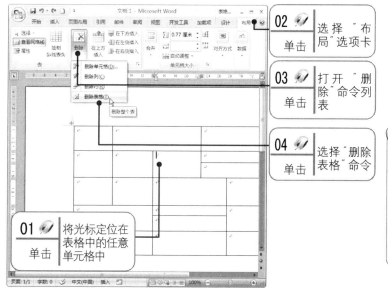

02 单击　选择"布局"选项卡

03 单击　打开"删除"命令列表

04 单击　选择"删除表格"命令

01 单击　将光标定位在表格中的任意单元格中

高手点拨

表格被删除后，表格的单元格内容也将会一起删除掉。如果只想删除单元格中的内容，而不删除表格时，就可以选择单元格，然后按 Delete 键删除即可。

4.2　编辑表格

当创建好一个初始化的表格后，可以对表格进行相关编辑，如格式设置、行高/列宽修改、单元格合并与拆分、行/列的插入与删除等操作。

4.2.1 表格的选择方法与技巧

在学习表格的编辑操作之前，首先要学会表格对象的选择方法，如单元格的选择、行与列的选择及表格的选择。

1．选择表格中的行

如果要对表格中的行进行编辑，则首先需要选择表格中的行。选择行的操作方法如下。

将鼠标指针指向需要选择的行的最左端，当鼠标指针变成 ⬧ 形状时单击，即可选择表格的一行。操作如右图所示。

如果按住鼠标不放，向上或向下拖动时，可以连续选择表格中的多行。

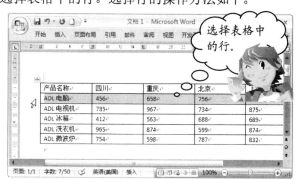

选择表格中的行。

2. 选择表格中的列

将鼠标指针指向需要选择的列的顶部，当鼠标指针变成 ↓ 形状时单击，即可选择一列。操作如右图所示。

如果按住鼠标不放，向左或向右拖动时，可以连续选择表格中的多列。

选择表格中的列。

3. 选择表格中的单元格

在选择一个单元格时，需要将鼠标指针指向单元格的左下角，当指针变成 ➚ 样式时，再单击鼠标选择相应的单元格。操作如右图所示。

如果按住鼠标不放进行拖动，则可以选择表格中的多个连续单元格。

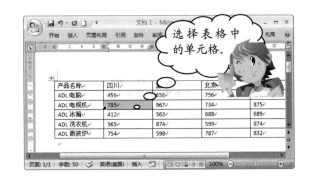

选择表格中的单元格。

4. 选择整个表格

如果要选择整个表格对象，可以按以下方法进行操作。

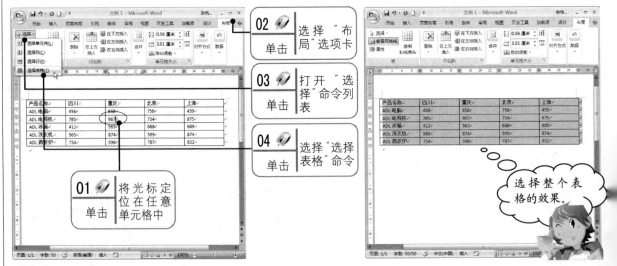

01 单击 将光标定位在任意单元格中

02 单击 选择"布局"选项卡

03 单击 打开"选择"命令列表

04 单击 选择"选择表格"命令

选择整个表格的效果。

高手点拨

在选择表格时有多种方法，将鼠标指针指向表格范围时，在表格的左上角将会出现选择表格工具按钮 ✛，单击该按钮即可选择整个表格。另外，可通过选择表格中的所有单元格或选择所有列、所有行来选择表格。

4.2.2 移动表格位置

在 Word 文档中创建了表格后，可以根据排版需要调整表格的位置，具体操作方法如下。

光盘文件：

素材文件	光盘\素材文件\第 4 章\产品销售表.docx
结果文件	光盘\结果文件\第 4 章\产品销售表（移动）end. docx

先将鼠标指针指向表格内的任意位置，在表格的左上角即显示出 ⊞ 标记，然后将指针指在 ⊞ 标记上，按住鼠标左键不放拖动鼠标即可移动表格。具体操作如下。

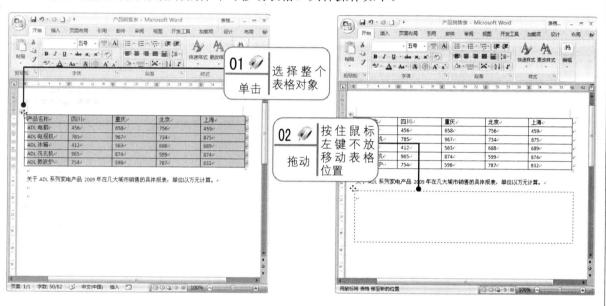

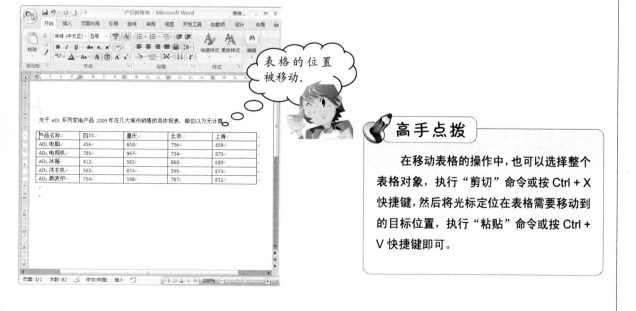

表格的位置被移动。

✏️ **高手点拨**

在移动表格的操作中，也可以选择整个表格对象，执行"剪切"命令或按 Ctrl + X 快捷键，然后将光标定位在表格需要移动到的目标位置，执行"粘贴"命令或按 Ctrl + V 快捷键即可。

4.2.3　调整表格的大小

创建了一个表格后，如果表格的大小不合适，可以通过以下方法对表格进行放大或缩小。具体操作如下。

先将鼠标指针指向表格内的任意位置，则在表格的右下角显示出□标记，然后将指针指向该标记，当指针变成 ⬉ 样式时，按住鼠标左键不放向外或向内拖动鼠标，即可对表格进行放大或缩小。具体操作如下。

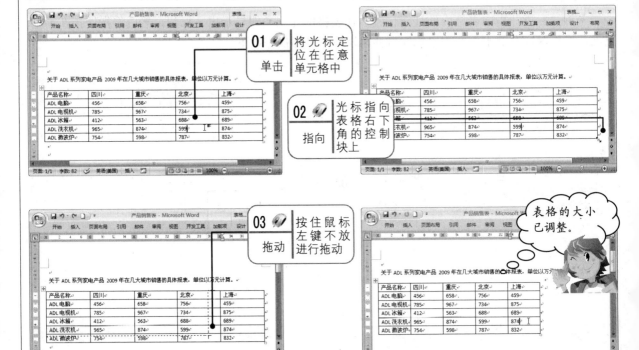

高手点拨

注意，在将鼠标指针指向□标记时，指针必须在表格内向右下角移动，不能将鼠标指针移向表格之外。

4.2.4　插入与删除表格行

如果已创建表格的行不够用，可以根据需要进行插入。同样，当表格中某些行不需要时，则可以对其进行删除。

1. 插入行

例如，我们在"ADL 电视机"与"ADL 冰箱"行之间插入一个新行，具体操作方法如下。

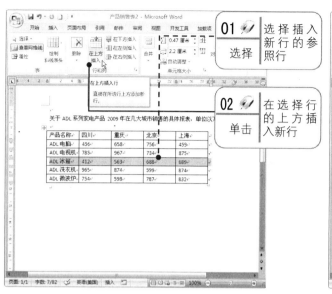

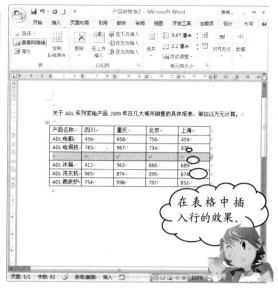

01 选择 —— 选择插入新行的参照行

02 单击 —— 在选择行的上方插入新行

在表格中插入行的效果。

高手点拨

在插入行时，单击"在上方插入"按钮，表示在选择行的上面插入新行；单击"在下方插入"按钮，表示在选择行的下面插入新行；如果选择多行再执行插入行命令，则可以一次性插入多行。

2．删除行

删除行的操作与插入行的操作相反，具体操作方法如下。

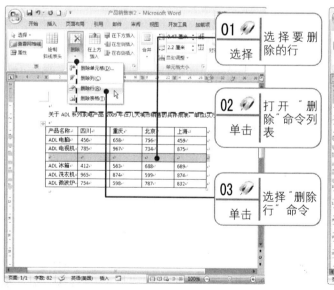

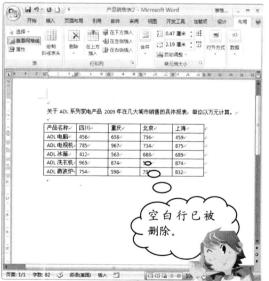

01 选择 —— 选择要删除的行

02 单击 —— 打开"删除"命令列表

03 单击 —— 选择"删除行"命令

空白行已被删除。

4.2.5 插入与删除表格列

插入与删除表格中的列操作，与插入与删除表格中的行操作方法几乎一样，只是选择的对象不同而已。具体操作方法如下。

1．插入列

插入列的具体操作方法如下。

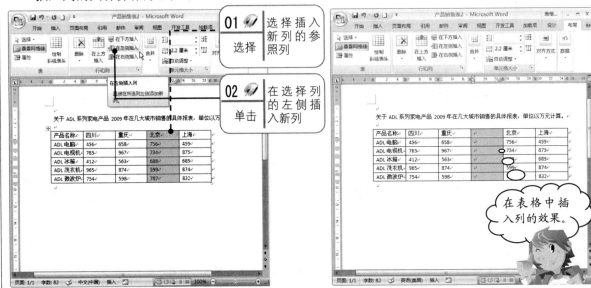

> **01 选择**　选择插入新列的参照列
>
> **02 单击**　在选择列的左侧插入新列

在表格中插入列的效果。

高手点拨

在插入列时，单击"在左侧插入"按钮，表示在选择列的左边插入新列；单击"在右侧插入"按钮，表示在选择列的右边插入新列；如果选择多列再执行插入列命令，则可以一次性插入多列。

2．删除列

删除列的具体操作方法如下。

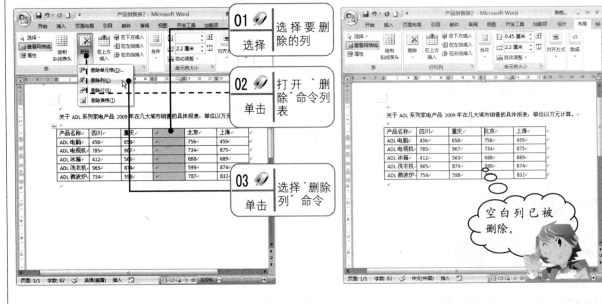

> **01 选择**　选择要删除的列
>
> **02 单击**　打开"删除"命令列表
>
> **03 单击**　选择"删除列"命令

空白列已被删除。

4.2.6　合并与拆分单元格

合并与拆分单元格也是表格编辑中最常见和最基本的操作。

光盘文件：

素材文件	光盘\素材文件\第4章\产品销售表2.docx
结果文件	光盘\结果文件\第4章\产品销售表（合并与拆分单元格）end.docx

1．合并单元格

单元格的合并是将相邻几个单元格合并成一个单元格，它在编辑不规则表格时经常用到。例如，现在对下图中第一行的相关单元格进行合并，以制作表格的标题行。具体操作方法如下。

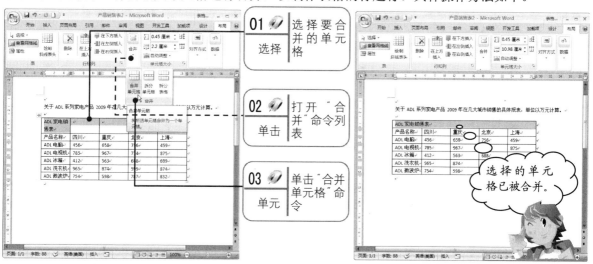

01　选择　选择要合并的单元格

02　单击　打开"合并"命令列表

03　单元　单击"合并单元格"命令

选择的单元格已被合并。

2．拆分单元格

单元格的拆分与单元格的合并效果相反。拆分单元格就是将一个单元格分解成多个单元格。例如，对前面的"四川"单元格进行拆分，将其拆分为2行2列的单元格。具体操作方法如下。

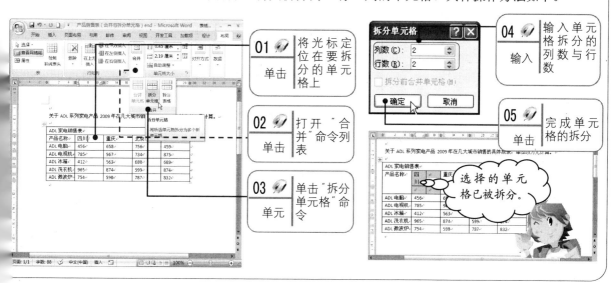

01　单击　将光标定位在要拆分的单元格上

02　单击　打开"合并"命令列表

03　单元　单击"拆分单元格"命令

04　输入　输入单元格拆分的列数与行数

05　单击　完成单元格的拆分

选择的单元格已被拆分。

4.2.7 调整表格行高与列宽

当表格的行高或列宽不满足需要时，用户可以随时调整表格的行高或列宽，让表格行的高度或列的宽度达到需求。调整表格行高与列宽的最简单方法就是通过鼠标拖动调整。

光盘文件：	
素材文件	光盘\素材文件\第4章\产品销售表3.docx
结果文件	光盘\结果文件\第4章\产品销售表（行高列宽调整）end.docx

1. 调整表格的行高

调整表格行高的操作方法为，将鼠标指针指向行与行交界的横线上，让指针变成 ÷ 样式，然后按住鼠标左键不放上下拖动鼠标，拖动到合适的高度时释放鼠标左键即可。具体操作如下。

高手点拨

注意，在调整表格的行高时，无法通过表格的第一根横线来调整行高。

除了可以通过鼠标拖动的方法来调整行高外，也可对表格中的行指定固定的宽度。具体操作方法如下。

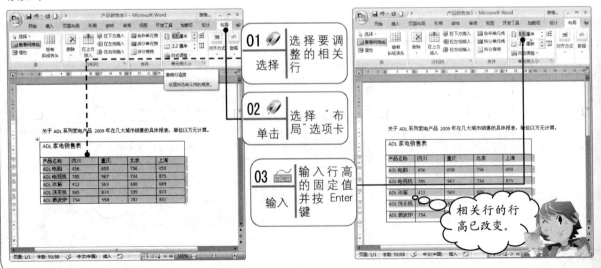

2．调整表格的列宽

将鼠标指针指向列与列交界的竖线上，让指针变成 ◀▐▶ 样式，然后按住鼠标左键不放左右拖动，拖动到合适的宽度时释放鼠标左键即可。具体操作如下。

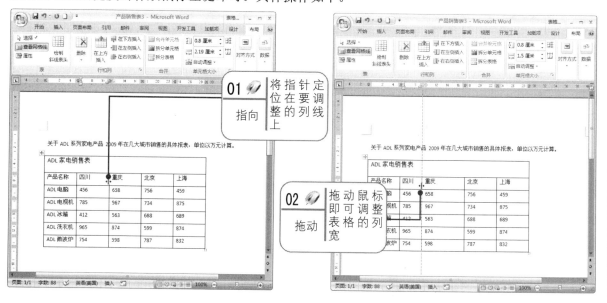

高手点拨

同样，对表格中的列也可以指定固定的列宽，只需先选择相关列，然后在"布局"选项卡的"单元格大小"功能组中进行设置即可。另外，将鼠标指针指向列与列交界的竖线上，当指针变成 ◀▐▶ 样式时，双击鼠标，Word 也会自动根据单元格中内容的宽度快速调整合适的列宽。

4.2.8　美化表格的边框与底纹

用户可以设置表格的边框与底纹样式，以增强表格的美观性。具体操作方法如下。

 光盘文件：

素材文件	光盘\素材文件\第 4 章\产品销售表 4.docx
结果文件	光盘\结果文件\第 4 章\产品销售表（边框与底纹设置）end.docx

1．设置表格边框样式

Word 2007 默认的表格边框为黑色的实心线，用户可以自己设置需要的单元格边框样式。具体操作方法如下。

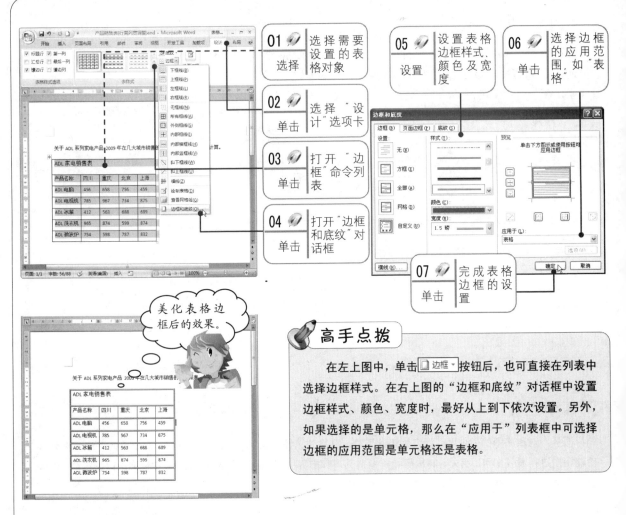

美化表格边框后的效果。

高手点拨

在左上图中，单击 边框 按钮后，也可直接在列表中选择边框样式。在右上图的"边框和底纹"对话框中设置边框样式、颜色、宽度时，最好从上到下依次设置。另外，如果选择的是单元格，那么在"应用于"列表框中可选择边框的应用范围是单元格还是表格。

2. 设置单元格底线纹样式

默认情况下，Word 表格中的单元格是无底纹颜色的。用户可以给单元格添加底纹效果来美化表格。具体操作方法如下。

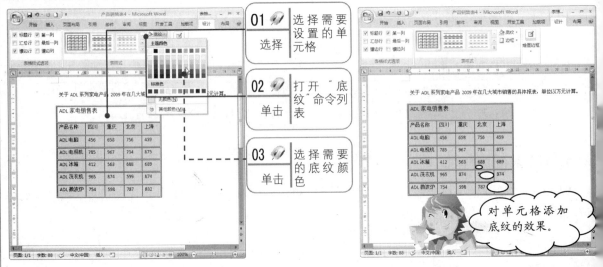

对单元格添加底纹的效果。

4.3　打印 Word 文档

虽然目前电子邮件和 Web 文档极大地促进了无纸办公的快速发展，但很多时候还是需要将编辑好的文档打印出来，打印文档仍然被普遍使用。因此，本节主要介绍文档的打印操作。

4.3.1　打印预览

将文档正式打印之前，都应先预览一下打印效果。因为文档预览的效果一般就是实际打印效果。若不满意，用户还可对文档进行编辑修改，然后再进行文档的正式打印操作。

预览文档的打印效果，其操作方法如下。

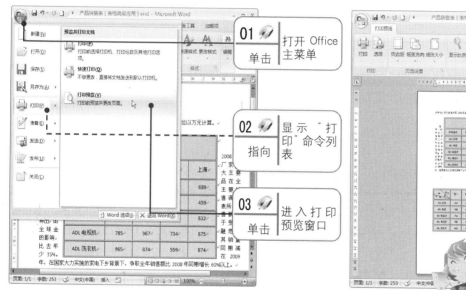

文档打印预览效果显示。

高手点拨

在"打印预览"窗口中，可单击"下一页"、"上一页"按钮查看其他页的打印效果；单击"显示比例"按钮可以设置文档预览的比例；另外，在打印预览文档时，可以对文档进行缩放，将鼠标指针指向文档范围内，鼠标指针变为 形状，单击鼠标左键即可放大，此时鼠标指针变为 形状，再单击文档又可缩小。

4.3.2　文档打印操作

预览文档的打印效果后，若对当前的打印效果很满意，那么可以通过打印机正式打印该文档。具体操作方法如下。

01 将打印机的电源打开，再放好打印的纸张，然后按以下图示步骤进行操作。

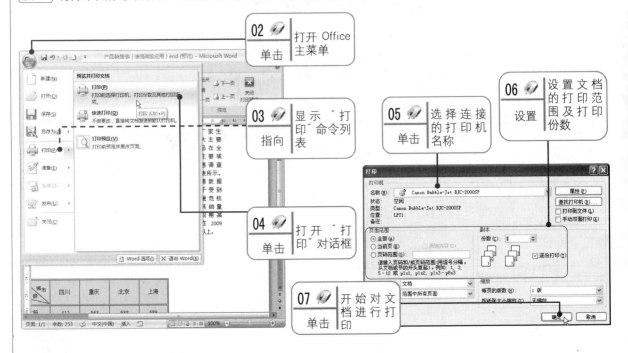

在"页码范围"栏中，选择"全部"，表示打印整篇文档；选择"当前页"，表示打印光标所在页；选择"页码范围"，表示只打印指定的页码范围或指定的页码，但需要在右边文本框中输入所要打印的页码。若需要打印的页码范围是某一页~某一页，那么在"页码范围"右边的文本框中输入格式为"数字-数字"，如"3-7"表示只打印第 3 页~第 7 页之间的页面；若需要打印的页码范围是间隔的某几页，那么输入格式为"数字，数字，数字"，如"3，5，9"表示只打印第 3 页、第 5 页和第 9 页。

进阶提高 ——— 技能拓展内容

通过前面基础入门知识的学习，相信初学者已经会在 Word 2007 中创建与编辑自己需要的表格了。为了进一步提高表格的编辑技能，下面介绍与本章内容相关的一些操作技巧。

技巧 01： 根据表格模板创建表格

用户可以使用表格模板快速插入表格。表格模板已经预先设计好了相应格式，并包含了示例数据，可以帮助用户想象添加数据时表格的外观。具体操作方法如下。

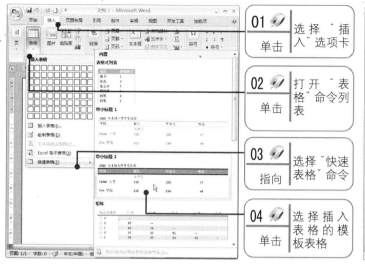

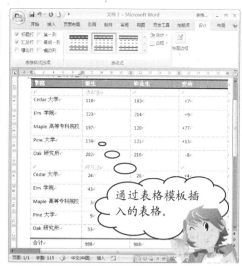

01 单击	选择"插入"选项卡
02 单击	打开"表格"命令列表
03 指向	选择"快速表格"命令
04 单击	选择插入表格的模板表格

> 通过表格模板插入的表格。

高手点拨

使用表格模板创建好表格后，用户可以更改模板表格中的相关内容及数据，根据需要输入相关内容。

技巧02： 拆分与合并表格

有时需要将一个表格拆分成两个表格，以便在表格之间加入一些说明性的文字。拆分表格的操作步骤如下。

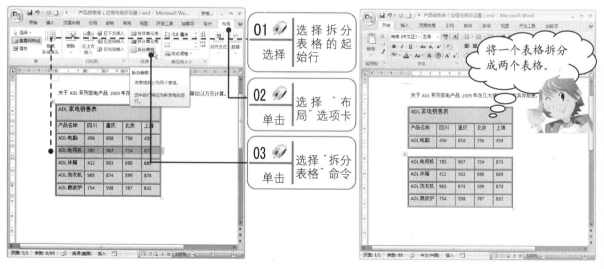

01 选择	选择拆分表格的起始行
02 单击	选择"布局"选项卡
03 单击	选择"拆分表格"命令

> 将一个表格拆分成两个表格。

高手点拨

将表格拆分后，也可以对拆分的表格进行合并，其操作方法很简单，只需将表格之间的空白段落或相关段落内容删除后即可自动合并成一个表格。另外，在拆分表格时，只能选择表格中的行进行拆分，而不能选择列来拆分。

技巧 03：　平均分布行高或列宽

在对表格中的行高或列宽进行调整后，如果需要将表格中相关行的行高进行平均分布，则可以按以下方法进行操作。

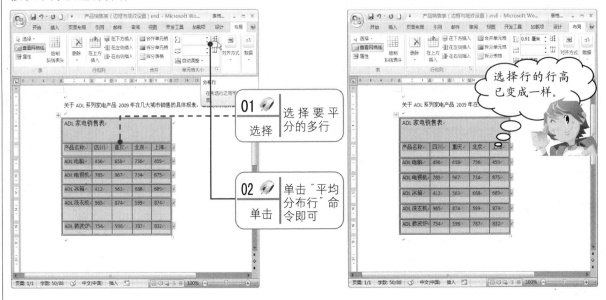

01 选择　选择要平分的多行

02 单击　单击"平均分布行"命令即可

选择行的行高已变成一样。

高手点拨

同样，如果要对表格中相关列的宽度进行平均分布，则可在"布局"选项卡的"单元格大小"功能组中单击"平均分布各列"按钮 即可。

技巧 04：　设置单元格中内容的对齐方式

默认情况下，单元格中输入的文本内容以顶端左对齐。用户可以根据需要设置单元格中内容的对齐方式，具体操作方法如下。

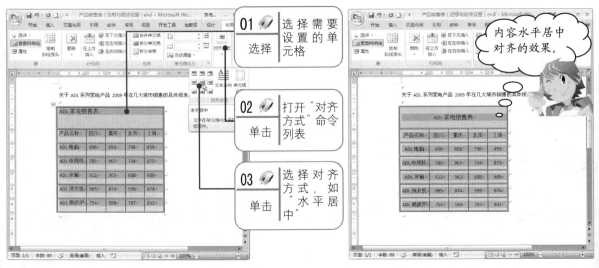

01 选择　选择需要设置的单元格

02 单击　打开"对齐方式"命令列表

03 单击　选择对齐方式，如"水平居中"

内容水平居中对齐的效果。

在 Word 2007 中，对表格也可以像段落一样设置其水平对齐方式，如居左、居中、居右。具体操作方法如下。

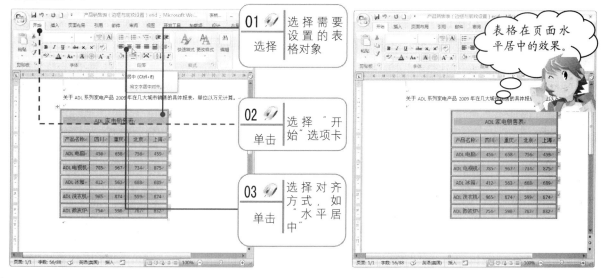

01 选择　选择需要设置的表格对象

02 单击　选择"开始"选项卡

03 单击　选择对齐方式，如"水平居中"

表格在页面水平居中的效果。

高手点拨

值得初学用户注意的是，在设置表格对齐方式时，必须要选择表格行右边的"段落标记符" ⏎ ，否则，只表示对表格的单元格内容设置对齐方式。

默认情况下，表格中的文字都是横向排列。有时编辑的表格需要将文字按纵向进行排列，这时就需要改变其排列方向。改变文字排列方向的操作方法如下。

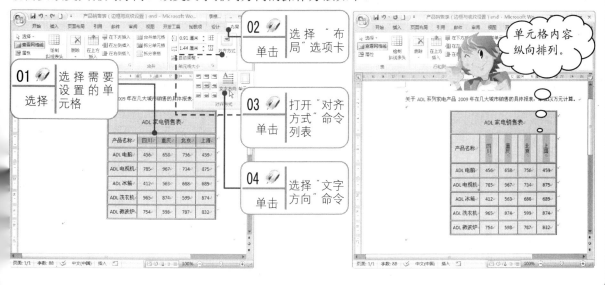

01 选择　选择需要设置的单元格

02 单击　选择"布局"选项卡

03 单击　打开"对齐方式"命令列表

04 单击　选择"文字方向"命令

单元格内容纵向排列。

注意，如果再次单击"文字方向"按钮时，则纵向排列的文字即会改变成横向排列的文字。

技巧 07： 只调整表格中单元格的宽度

在表格列宽的调整操作中，都是针对整列的宽度进行调整。有时由于表格特殊格式的需要，只需对某个单元格的宽度进行调整，那么可按以下方法进行操作。

将鼠标指针指向需要调整单元格的左下角，当鼠标指针变成➚样式时，单击鼠标左键选择单元格。再将鼠标指针指向单元格的列交界竖线上，当鼠标指针变成◀‖▶样式时，单击鼠标左键不放进行拖动调整，拖动到合适宽度时释放鼠标左键。操作示意图如下。

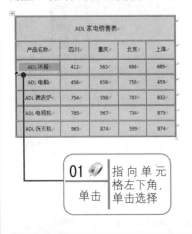

技巧 08： 自动套用表格格式

Word 2007 中提供了多种固定的表格样式供用户套用。通过自动套用表格样式可快速地为表格添加边框和底纹格式。具体操作方法如下。

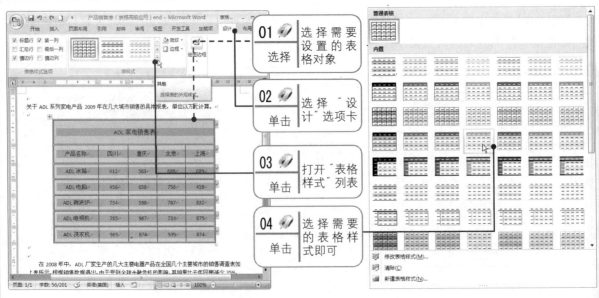

技巧 09: 排序表格中的数字

　　虽然 Word 软件对数据表格的处理功能没有 Excel 软件强大和完善，但它也具有一些简单的数据处理功能。下面给用户讲解 Word 表格的排序方法。例如，对表格中"四川"销售数据从低到高进行"升序"排列。具体操作方法如下。

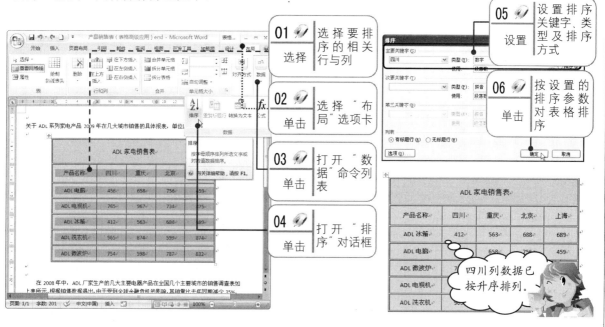

技巧 10: 设置表格环绕排版

　　如果编辑的文档中既有表格，也有文字，则可以设置文字环绕，从而使表格与文字很好地结合起来，使文档变得更加紧凑。设置文字环绕的操作方法如下。

01　将光标定位在表格单元格中，单击"布局"选项卡，再在"表"功能组中单击"属性"工具按钮，打开"表格属性"对话框，然后按以下图示步骤进行操作。

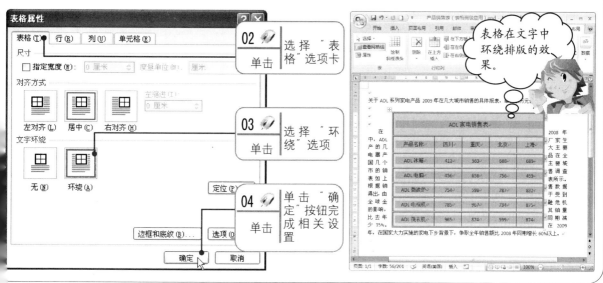

技巧 11: 绘制带有斜线的表头

表格左上角的第一个单元格往往需要制作成斜线表头，输入指向行、列的表头标题内容。在 Word 2007 中制作斜线表头的方法如下。

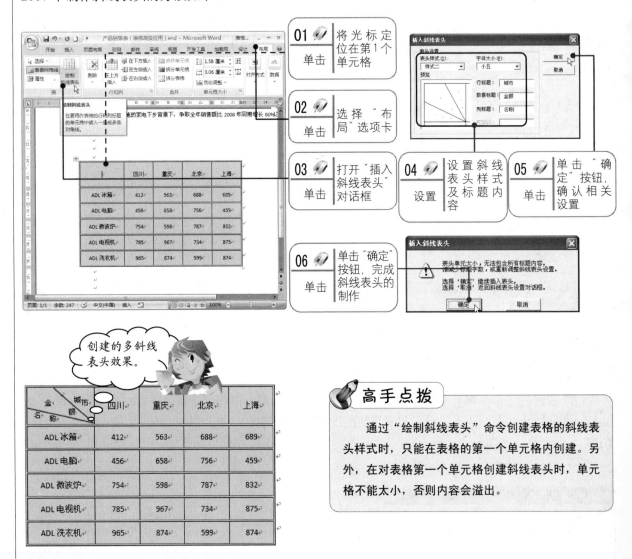

01 单击　将光标定位在第1个单元格

02 单击　选择"布局"选项卡

03 单击　打开"插入斜线表头"对话框

04 设置　设置斜线表头样式及标题内容

05 单击　单击"确定"按钮，确认相关设置

06 单击　单击"确定"按钮，完成斜线表头的制作

创建的多斜线表头效果。

高手点拨

通过"绘制斜线表头"命令创建表格的斜线表头样式时，只能在表格的第一个单元格内创建。另外，在对表格第一个单元格创建斜线表头时，单元格不能太小，否则内容会溢出。

技巧 12: 设置多页表格的标题行自动重复

当创建了一张多页表格，如员工通讯录、员工档案表等，如果需要打印这些表格时，希望每一页都打印相同的表格标题，那么可以通过"标题行重复"命令来达到这个效果。例如，创建一张多页的"员工通讯录"表格，现将表格的第一行标题内容设置为每页的标题行。具体操作方法如下。

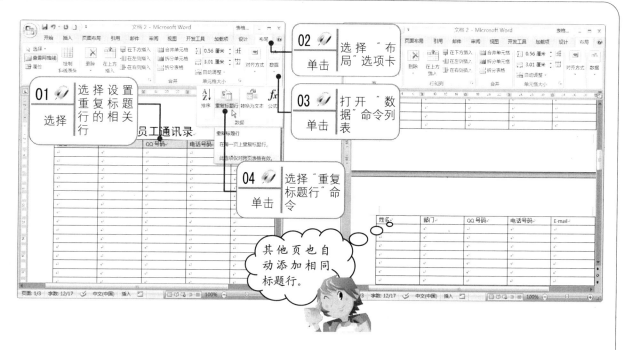

过关练习 —— 自我测试与实践

通过前面内容的学习，按以下要求完成过关练习题。

（1）利用 Word 2007 的制表功能，创建并编辑一张如下图所示的差旅费报销单表格。编辑好后，以"差旅费报销单"为文件名，保存在自己的电脑中。

差 旅 费 报 销 单

姓名_____　　　职别_____　　　　　年　　月　　日　　　　　　金额单位:元

起日		止日		合计天数	各 项 补 助 费									车 船 杂 支 费							合计金额	
					伙食补助			住宿补助			未买卧铺补助			夜间乘硬座超过12小时补助	火车费	汽车费	轮船费	飞机费	市内交通	住宿费	其他杂支		附件
月	日	月	日		天数	标准	金额	天数	标准	金额	票价	标准	金额										

合计人民币大写　　　万　　　任　　　佰　　　拾　　　元　　　角　　　分　　　　张

原借差旅费_____元　　　报销_____元　　　剩余交回_____元

出差事由_____

审批人签字:　　　　会计主管签字:　　　　报账人签字:　　　　领款人签字:

（2）利用 Word 2007 的制表功能，创建并编辑一张如下图所示的课程表。编辑好后，以"课程表"为文件名，保存在自己的电脑中。

课 程 表

课程时间 星期	星期一	星期二	星期三	星期四	星期五
上午 1~2节					
上午 3~4节					
下午 5~6节					

Chapter 05

Excel 表格数据的录入与编辑

高 手 指 引

　　现在，小艳在一家公司上班了。今天主管给了她一些销售资料，要求小艳用 Excel 做一份员工业绩表格。小艳向主管请示，能否在 Word 中制作，可主管让她在 Excel 中编辑，以方便日后数据计算与管理分析。小艳对 Excel 不是很熟悉，于是下班急匆匆地找到小军帮忙。

 小艳，这么急找我有什么事吗？

 小军，今天主管要求我只能在 Excel 中编辑一张业绩表格，可我不是很熟悉，只好向你请教。

 哈哈……，我还以为是什么急事嘛。这个简单，让我边教你边做吧！

 那太好了。谢谢你！

 不用客气。我本来说以后有时间给你补一补 Excel 电子表格软件的知识呢，没想到来得这么快！

　　Excel 2007 是微软公司最新推出的 Office 2007 办公软件中的一个组件。它具有全新的操作界面、强大的数据管理与分析功能。使用 Excel 2007 可更加方便地编辑电子表格、统计分析表格中的数据。

学 习 要 点

- ◆ 掌握表格数据的录入
- ◆ 熟悉表格数据的编辑方法与技巧
- ◆ 掌握单元格、行/列的调整方法
- ◆ 掌握 Excel 文件的保存方法与技巧
- ◆ 掌握美化表格格式
- ◆ 掌握工作表的管理方法与技巧

基础入门 ———— 必知必会知识

5.1 录入表格数据

Excel 2007 具有强大的编辑各类电子表格、统计分析表格中数据的功能。录入表格数据是进行一切操作的前提，而在 Excel 2007 中录入表格数据，与在 Word 2007 的表格中录入数据有所不同。本节将具体介绍录入表格数据的方法。

5.1.1 选择与定位单元格

单元格是 Excel 2007 录入和存储数据的最小单位，在录入表格数据之前，首先应该选择与定位要录入数据的单元格。选择与定位单元格的具体操作方法如下。

1．选择单元格

Excel 2007 工作表处于活动的单元格只有一个。要在单元格中录入数据，首先应该选择使其成为活动单元格。选择与定位单元格的具体操作方法如下。

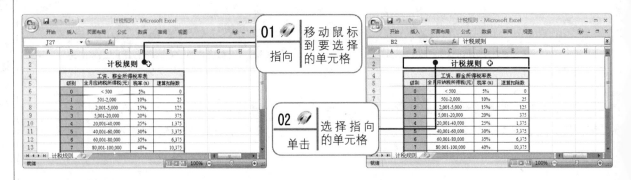

高手点拨

如果要选择多个不相邻的单元格区域，可在按住 Ctrl 键的同时依次单击要选择的单元格；在按住 Shift 键的同时单击可选择多个相邻的单元格区域。

2．定位单元格

用上面介绍的选择单元格的方法可以定位单元格，但在实际工作中，定位单元格的方法和方式还有很多。定位单元格的操作方法如下表所示。

操作键	定位单元格
→	定位当前单元格后一列相邻的一个单元格
←	定位当前单元格前一列相邻的一个单元格
↑	定位当前单元格上一行相邻的一个单元格
↓	定位当前单元格下一行相邻的一个单元格
Tab	定位当前单元格后一列相邻的一个单元格
Shift+Tab	定位当前单元格前一列相邻的一个单元格
Enter	定位当前单元格下一行相邻的一个单元格

 高手点拨

　　定位单元格还可以通过在编辑栏的名称框中直接输入单元格名称，然后按下 Enter 键来实现。如果要定位单元格区域，可在单元格名称之间用冒号隔开。

5.1.2　录入文本与数据

　　选择或定位了活动单元格后，就可以向单元格中录入数据了。Excel 2007 中的数据类型比较多，总的来说包括两类：文本和数据，而数据又包括数值、货币、日期和时间、百分比、分数、科学记数等。下面具体介绍常规文本与数据的录入方法。

1. 录入文本

　　Excel 2007 中的文本包括字母、符号、汉字和其他一些字符。录入文本可先切换到自己使用的输入法，然后选择要输入文本内容的单元格，输入完文本后按下 Enter 键确认并进入下一个待输入内容的单元格。

2. 录入数据

　　此处的录入数据，特指由 0～9 组成的数值，操作方法为，选择要输入数据内容的单元格，通过数字小键盘或主键盘区上的数字键输入数值，完成后按下 Enter 键确认并进入下一个待输入内容的单元格。

高手点拨

　　文本型的数据与数值型的数据在单元格里的水平对齐方式是有明显区别的，默认情况下，文本型的数据在单元格里左对齐，而数值右对齐。

5.1.3 录入特殊数据

上面介绍了录入文本与数据的常规方法，但在实际工作中，常常需要录入一些特殊数据，如身份证号码、邮政编码、以零开头的序列号、日期和时间、分数以及科学计数等特殊数据。身份证号码、邮政编码和以零开头的序列号，其实应该把它看作文本数据；而日期和时间、分数与科学计数，应该按照其特定的方法录入。下面具体介绍这些特殊数据的录入方法。

1. 录入文本型数值数据

在 Excel 2007 中录入全部由数值组成的文本型数据时，不能按照常规的方法录入，而需要通过下面的方法来操作。

首先定位单元格，然后输入一个英文状态下的单撇号'，再输入数值，输入完成后按下 Enter 键即可。身份证号码也需要采用同样的方法录入。具体操作如下。

光盘文件:	
素材文件	光盘\素材文件\第 5 章\5-1.xlsx
结果文件	光盘\结果文件\第 5 章\5-1end.xlsx

高手点拨

文本型数值的录入也可以采用以下方法。先选择单元格区域，然后按下 Ctrl+1 键打开"设置单元格格式"对话框，在"数字"选项卡下定义单元格数据类型为"文本"，然后直接录入数值即可。

2. 录入日期和时间数据

日期和时间数据是比较特殊的数值数据，在 Excel 2007 中录入是需要掌握录入技巧的。录入日期和时间数据的方法如下表所示。

数据类型	录入方法
日期	年、月、日之间可以使用-或/隔开。如录入 2009 年 1 月 1 日，则输入 2009-1-1 或 2009/1/1 都可以
时间	时、分、秒之间使用:隔开，如果要表示上午或下午，可在时间后输入空格，然后输入 AM 表示上午，输入 PM 表示下午

3. 录入分数数据

在 Excel 2007 中录入分数的具体操作方法如下。

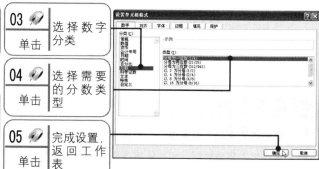

光盘文件：

素材文件	光盘\素材文件\第 5 章\5-2.xlsx
结果文件	光盘\结果文件\第 5 章\5-2end.xlsx

01 拖动	选择要输入分数的单元格
02 单击	打开"设置单元格格式"对话框
03 单击	选择数字分类
04 单击	选择需要的分数类型
05 单击	完成设置，返回工作表

输入分数效果。

4. 录入科学计数数据

在 Excel 2007 中录入数据时，若要以科学计数法显示，则在录入的时候用 E-、E+、e-或 e+来表示指数，指数右边数字符号的代码个数决定了指数的位数。使用 E-或 e-将在指数中添加负号；使用 E+或 e+将在正指数时添加正号、负指数时添加减号。如输入 1989 的科学计数形式，可输入"1.989E3"。

5.1.4　快速填充数据

在制作表格的过程中，用户经常需要输入一些有规律的内容，如"甲、乙、丙……"等。这些数值都是按一定规律排列得十分规则，如果经常手动输入，不但浪费时间，还容易出错。自动填充功能则可以避免这种重复性操作，且既快又准确。

填充就是利用拖动单元格右下角的填充柄 ⬛▬➔ 来快速重复数据。使用填充柄，用户可以快速将时间序列、数字顺序、文本编号等内置序列填充到区域中的单元格。具体操作方法如下。

💿 光盘文件：	
素材文件	光盘\素材文件\第 5 章\5-3.xlsx
结果文件	光盘\结果文件\第 5 章\5-3end.xlsx

高手点拨

数据填充看起来好像很乱，但其实是有规律的：如果是文本，则相当于复制；如果是文本和数值的混合数据，那么文本将被复制，而数值按序列填充；如果是数值，则需要用户自己建立模式，例如，如果要使用序列"1、2、3、4、5……"，则在前两个单元格中键入1和2，然后拖动填充柄填充；如果要使用序列"2、4、6、8……"，则键入2和4；如果要使用序列"2、2、2、2……"，则保留第二个单元格为空。另外，当用户使用到Excel 2007 内置的填充序列或用户自定义填充序列时，系统会自动调用内置或自定义序列进行填充。

5.2　编辑表格数据

通过前面内容的学习，用户已经能够在工作表中输入各种类型的原始数据了。接下来的工作是对输入表格的数据进行编辑，包括修改单元格的部分内容、复制/移动/删除数据和查找与替换数据。

5.2.1　修改单元格的部分内容

如果单元格中录入的内容部分是错误的，需要修改，则操作方法有以下几种。

1. 双击单元格法

双击要修改部分内容的单元格，进入单元格编辑状态，再通过 Backspace 键或 Delete 键来进行修改。

2. 单击编辑框法

先定位要修改的单元格，然后单击编辑框，进入单元格编辑状态，再通过 Backspace 键或 Delete 键在编辑框里直接进行修改。

5.2.2 复制/移动/删除数据

在 Excel 2007 中，通过使用"复制"、"剪切"和"粘贴"命令，用户可以复制或移动单元格内容。对于不需要的数据，则可以通过删除功能将其删除。

1. 复制数据

如果表格中需要的原始数据已经存在表格中，为了避免重复输入，减少二次输入数据可能产生的错误，则可以通过复制和粘贴命令来进行复制数据的操作。复制数据的操作方法如下。

光盘文件：	
素材文件	光盘\素材文件\第 5 章\5-4.xlsx
结果文件	光盘\结果文件\第 5 章\5-4end.xlsx

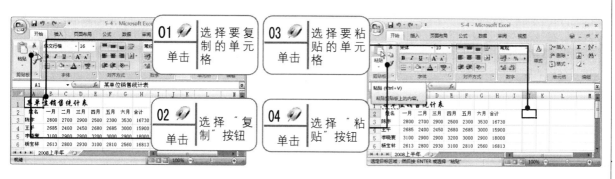

复制数据后的效果。

高手点拨

复数数据还可以采用以下方法。单击鼠标右键，在弹出的快捷菜单中选择"复制"和"粘贴"命令，也可以使用键盘快捷键，复制的快捷键为 Ctrl+C，粘贴的快捷键为 Ctrl+V。

2. 移动数据

移动数据就是将单元格的内容从一个地方挪到另一个地方去。移动数据的操作方法与复制数据的方法相似，只不过移动数据使用的是"剪切"命令而已，用户可参照复制数据的方法进行操作，此处不再赘述。另外，如果用户要使用键盘快捷键，则剪切的快捷键是 Ctrl+X。

3. 删除数据

删除单元格数据只需要先选择要删除数据的单元格，然后按下 Delete 键即可。

5.2.3　查找与替换数据

使用"查找和替换"对话框，可以搜索到某字符串。如果需要，用户还可以使用其他字符串替换该字符串。通过查找与替换，用户可以批量修改或删除某些字符串。

1. 查找数据

利用查找功能可以统计某个字符串所在的位置和出现的次数。具体操作方法如下。

光盘文件：	
素材文件	光盘\素材文件\第 5 章\5-5.xlsx

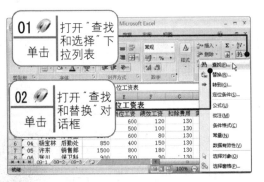

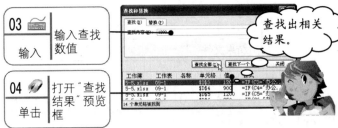

05 单击"选项"按钮，可打开"查找内容"选项栏，效果如下图所示。

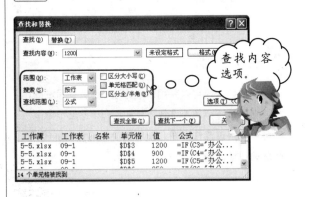

高手点拨

打开"查找和替换"对话框也可以使用键盘快捷方式 Ctrl+F。

2. 替换数据

如果要将表格中的重复性错误批量修改，那么使用替换功能无疑是最简捷和快速的。例如，将 5-6.xls "工资表"中的员工"邓海涛"改为"邓波涛"，其具体操作方法如下。

光盘文件：	
素材文件	光盘\素材文件\第 5 章\5-6.xlsx
结果文件	光盘\结果文件\第 5 章\5-6end.xlsx

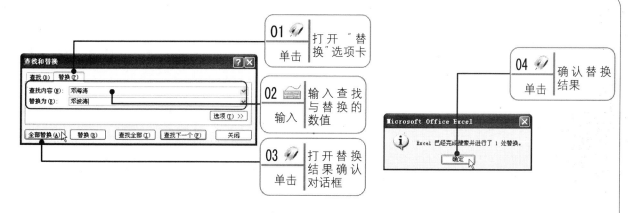

5.3　编辑单元格/行/列

操作 Excel 工作表时，很多时候都是在操作单元格与行列，本节就主要讲解编辑单元格与行列的相关知识。

5.3.1　合并与拆分单元格

合并单元格就是将几个相邻的单元格合并成一个单元格，而拆分单元格是将合并后的单元格恢复成合并前的多个单元格状态。合并与拆分单元格在处理 Excel 表格中经常用到。

1. 合并单元格

合并单元格首先应该选择要合并的相邻单元格区域，具体的操作方法如下。

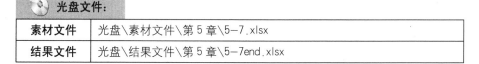

素材文件	光盘\素材文件\第 5 章\5-7.xlsx
结果文件	光盘\结果文件\第 5 章\5-7end.xlsx

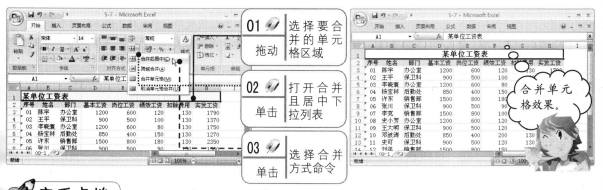

高手点拨

合并且居中下拉列表中的"跨越合并"命令不同于合并单元格，该命令仅选择区域的第一个单元格中的内容横跨选择的几列，但内容仍然在第一个单元格。

2. 拆分单元格

拆分单元格与合并单元格是对逆操作，选择要拆分的单元格，然后按照合并单元格的方法操作即可。

5.3.2　插入与删除行列

在编辑表格的过程中，常常会遇到增加或删除行列的操作。在 Excel 2007 中插入与删除行列的具体操作方法如下。

1. 插入行列

在编辑表格的过程中，如果需要增加行列，可用插入行列命令来完成这一操作。如在"数据录入"表中，想在第一行前插入一行，具体的操作方法如下。

光盘文件：	
素材文件	光盘\素材文件\第 5 章\5-8.xlsx
结果文件	光盘\结果文件\第 5 章\5-8end.xlsx

01　**右击**　指向参照行，单击鼠标右键

02　**单击**　选择"插入"命令

插入行后的效果。

高手点拨

插入列的操作与插入行的操作完全一样，只需要右击列标，在弹出的快捷菜单中选择"插入"命令即可。在插入行列时要注意，插入的行或列数与选择的行数、列数保持一致，而且插入的行总位于选择行的上方，插入的列总位于选择列的左侧。

2. 删除行列

对于不需要的行列，可用删除命令来删除。如在"数据录入"表中，删除第一行的具体操作方法如下。

光盘文件：	
素材文件	光盘\素材文件\第 5 章\5-8.xlsx
结果文件	光盘\结果文件\第 5 章\5-8end.xlsx

高手点拨

　　删除列的操作与删除行的操作完全一样，只需要右击列标，在弹出的快捷菜单中选择"删除"命令即可。在插入或删除行列时要注意，无论插入或删除多少行列数，总的行列数仍然保持不变，删除行列后，后面的行列会自动填充删除的行列。

5.3.3　调整行高与列宽

　　编辑行与列的操作主要是行列的插入与删除、调整行高与列宽。行列的插入与删除前面已经介绍过了，下面介绍调整行高与列宽的具体操作方法。

1. 调整行高

　　例如，将 5-9.xlst 工作表中第一行调整成 40 单位高度，具体操作方法如下。

💿 光盘文件：	
素材文件	光盘\素材文件\第 5 章\5-9.xlsx
结果文件	光盘\结果文件\第 5 章\5-9end.xlsx

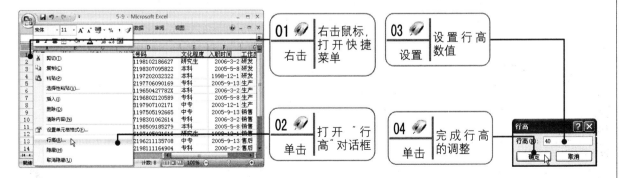

2. 调整列宽

　　如将 5-10.xlst 工作表的第二列列宽调整成 22 单位，具体操作方法如下。

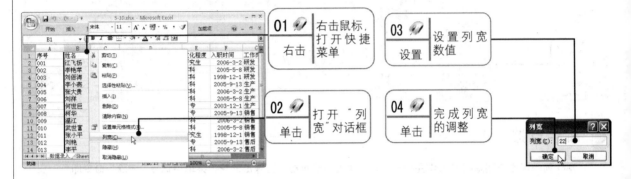

高手点拨

上面介绍的方法可以精确地调整行高与列宽，如果要快速粗略地调整行高与列宽，还可以采用下面的方法。将鼠标指标移动到行号或列标的交界线上，当鼠标指针变成双向夹子形状十或十时，按住鼠标左键拖动即可调整行高或列宽。

5.4　美化表格格式

为了使表格更具有可读性或更美观，就需要对表格进行美化格式的设置。美化表格格式主要是设置字体格式、设置单元格数据的对齐格式、设置单元格边框和底纹这几个方面。

5.4.1　设置单元格数据的字体格式

虽然 Excel 2007 不是文字处理软件，但 Excel 2007 在设置字体格式方面的功能仍然相当强大。在"开始"选项卡的"字体"功能组中为用户提供了文字的基本格式设置按钮，其具体操作方法如下。

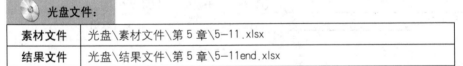

高手点拨

字型中的加粗、倾斜、下划线对应的键盘快捷键分别是：Ctrl+B、Ctrl+I 和 Ctrl+U。

5.4.2 设置单元格数据的对齐格式

单元格的对齐方式控制了单元格中数据在水平和垂直方向上的排列方式。在 Excel 2007 中，单元格在水平方向上有左对齐、居中对齐和右对齐，在垂直方向上有顶端对齐、居中对齐和底端对齐。设置单元格数据对齐方式的具体操作方法如下。

💿 **光盘文件：**

素材文件	光盘\素材文件\第 5 章\5-12.xlsx
结果文件	光盘\结果文件\第 5 章\5-12end.xlsx

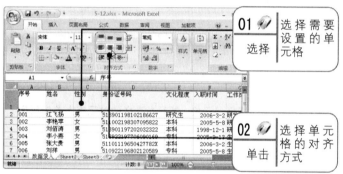

01 选择｜选择需要设置的单元格

02 单击｜选择单元格的对齐方式

单元格水平和垂直居中对齐的效果。

5.4.3 设置单元格边框格式

设置边框线可以使表格清晰易读。另外，为表格添加边框线可以使打印输出的表格显示网格线。设置单元格边框格式的具体操作方法如下。

💿 **光盘文件：**

素材文件	光盘\素材文件\第 5 章\5-13.xlsx
结果文件	光盘\结果文件\第 5 章\5-13end.xlsx

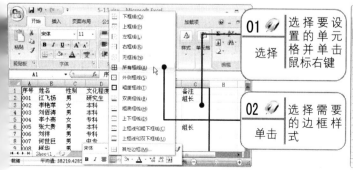

01 选择｜选择要设置的单元格并单击鼠标右键

02 单击｜选择需要的边框样式

添加"所有框线"后的效果。

5.4.4 设置单元格底纹格式

在制作与编辑表格的过程中，为了强调某些单元格，或者把表格的一些行列进行分隔，可以为单元格设置底纹格式。设置单元格底纹格式的具体操作方法如下。

光盘文件：

素材文件	光盘\素材文件\第 5 章\5-14.xlsx
结果文件	光盘\结果文件\第 5 章\5-14end.xlsx

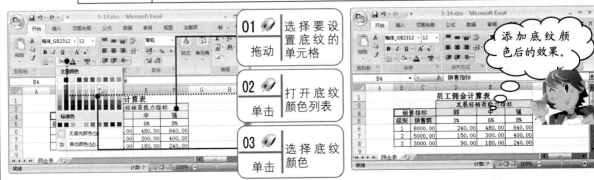

01 拖动	选择要设置底纹的单元格
02 单击	打开底纹颜色列表
03 单击	选择底纹颜色

添加底纹颜色后的效果。

高手点拨

设置单元格数据的对齐方式、边框线和底纹颜色，还可以通过选择单元格，然后在选择的单元格上单击鼠标右键，在打开的智能工具栏上选择相应的操作按钮即可。

5.5 管理工作表

在 Excel 中用于存储和处理数据的主要文档叫做工作表，也称为电子表格。工作表由排列成行或列的单元格组成，工作表总是存储在工作簿中。

默认情况下，Excel 2007 在一个工作簿中提供 3 个工作表。但是用户也可以根据需要插入工作表、删除工作表、复制工作表、隐藏工作表等。

5.5.1 重命名工作表

工作表的名称（或标题）出现在屏幕底部的工作表标签上。默认情况下，其名称是 Sheet1、Sheet2 等，但是用户可以为工作表指定一个更恰当的直观名称，以便查询各个工作表的内容。

例如，将 5-15.xlsx 表中的 Sheet 1 工作表重命名为"二月工资表"，其具体操作方法如下。

光盘文件：

素材文件	光盘\素材文件\第 5 章\5-15.xlsx
结果文件	光盘\结果文件\第 5 章\5-15end.xlsx

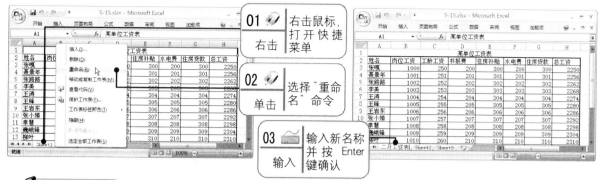

高手点拨

重命名工作表也可以采用在工作表标签名上双击，然后输入新名称的方法来实现。

5.5.2 插入与删除工作表

Excel 2007 默认打开 3 张工作表，如果不够，则可以使用插入工作表的方法来添加工作表；当然，对于不需要的工作表，也可以将其删除。

1. 插入工作表

插入工作表的具体操作方法如下。

光盘文件：	
素材文件	光盘\素材文件\第 5 章\5-16.xlsx
结果文件	光盘\结果文件\第 5 章\5-16end.xlsx

高手点拨

插入新工作表的快捷键是 Shift+F11。

2. 删除工作表

删除工作表可以通过在工作表标签上单击鼠标右键，在弹出的快捷菜单中选择"删除"命令来操作。删除工作表的具体操作方法如下。

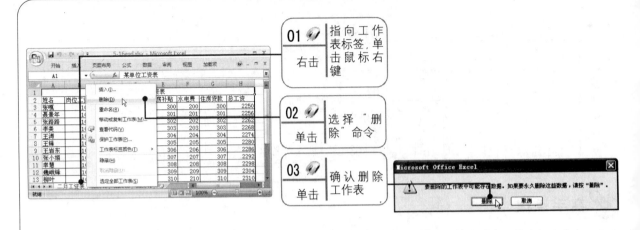

5.5.3　调整工作表的顺序

Excel 工作簿中各个工作表之间总是按照默认的顺序排列（如 Sheet1、Sheet2、Sheet3 等）。用户可以根据自己的需要调整工作表的顺序，具体操作方法如下。

 光盘文件：

素材文件	光盘\素材文件\第 5 章\5-17.xlsx
结果文件	光盘\结果文件\第 5 章\5-17end.xlsx

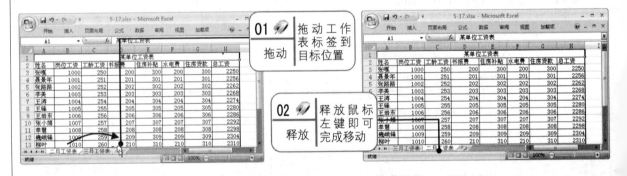

5.5.4　移动与复制工作表

移动工作表实际上就是改变工作表的顺序，而复制工作表可以建立当前工作表的副本，复制出来的工作表会在原工作表名称后加上（2）。

移动与复制工作表既可以使用命令来操作，也可以通过改变工作表顺序的方式来操作。在改变工作表顺序的操作中，如果按住鼠标左键不放，将其拖到目标位置后，再按住 Ctrl 键不放，此时先释放鼠标左键，再松开 Ctrl 键，即可实现复制工作表的操作。

使用命令移动与复制工作表的具体操作方法如下。

光盘文件：

素材文件	光盘\素材文件\第 5 章\5-18.xlsx
结果文件	光盘\结果文件\第 5 章\5-18end.xlsx

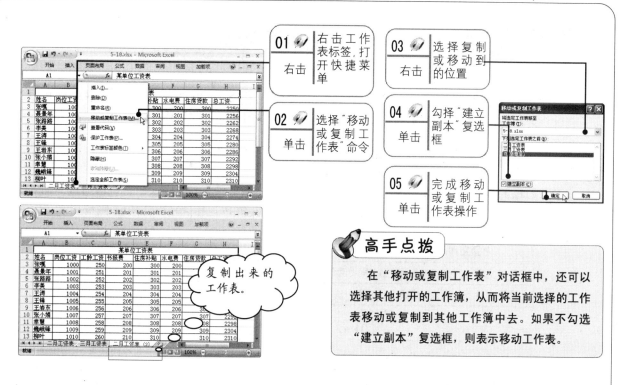

01 右击	右击工作表标签，打开快捷菜单
02 单击	选择"移动或复制工作表"命令
03 右击	选择复制或移动到的位置
04 单击	勾选"建立副本"复选框
05 单击	完成移动或复制工作表操作

复制出来的工作表。

高手点拨

在"移动或复制工作表"对话框中，还可以选择其他打开的工作簿，从而将当前选择的工作表移动或复制到其他工作簿中去。如果不勾选"建立副本"复选框，则表示移动工作表。

5.5.5　隐藏工作表

对于重要的工作表，为了减少错误操作，可将工作表隐藏起来。隐藏工作表的操作方法如下。

光盘文件：

素材文件	光盘\素材文件\第 5 章\5-19.xlsx
结果文件	光盘\结果文件\第 5 章\5-19end.xlsx

| 01 右击 | 右击工作表标签，打开快捷菜单 |
| 02 单击 | 选择"隐藏"命令 |

工作表已被隐藏起来。

高手点拨

隐藏的工作表也可以将其取消隐藏，从而让它显示出来。取消工作表的隐藏与隐藏工作表的操作方法是一样的，都只需在工作表标签上单击鼠标右键，在弹出的快捷菜单中选择"取消隐藏"命令，然后在"取消隐藏"对话框中选择要显示出来的工作表，最后单击"确定"按钮即可。

进阶提高 ——— 技能拓展内容

通过前面基础入门知识的学习，相信初学者已经掌握好了 Excel 2007 入门操作的相关基础知识。为了进一步提高使用软件的操作技能，下面介绍与本章内容相关的一些操作技巧。

技巧 01： 在表格中输入特殊符号

在录入数据的时候，常常会遇到输入特殊符号的问题。其实在 Excel 2007 中，可以通过 "插入" 功能选项卡下 "特殊符号" 功能组中的相关命令来输入特殊符号。具体操作方法如下。

💿 光盘文件：

素材文件	光盘\素材文件\第 5 章\5-20.xlsx
结果文件	光盘\结果文件\第 5 章\5-20end.xlsx

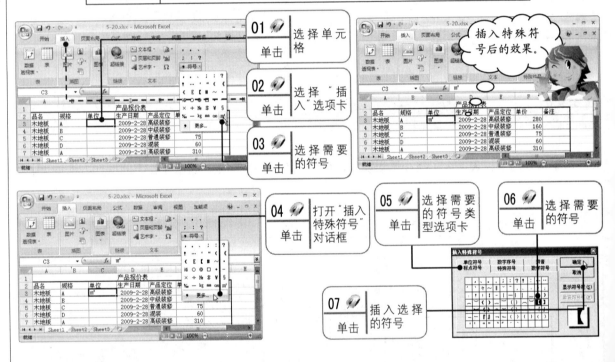

✏️ **高手点拨**

插入特殊符号也可以用鼠标右键单击输入法状态栏的软键盘，在弹出的快捷菜单中选择相应的符号选项即可。

技巧 02： 自动填充序列的使用

在创建表格的过程中，通过使用自动填充序列，可以快速地录入有规律的数据。前面介绍了通过按住鼠标左键拖动填充柄自动填充序列的方法，其实，如果要填充数据区域左边或右边单元格区域已有的数据，并且没有空单元格，那么双击填充柄就可快速填充至数据结尾处。

技巧 03： 自定义自动填充序列

为了更轻松地输入特定的数据序列（如名称或销售区域的列表），用户可以创建自定义填充序列。自定义填充序列可以基于工作表中已有项目的列表，也可以从头开始键入列表，本书主要讲述前者。导入自定义序列可以将现有表格中存在的有规律数据组导入电子表格的填充序列中，方便以后重复使用。

自定义自动填充序列的具体操作方法如下。

 光盘文件：

素材文件	光盘\素材文件\第 5 章\5-21.xlsx
结果文件	光盘\结果文件\第 5 章\5-21end.xlsx

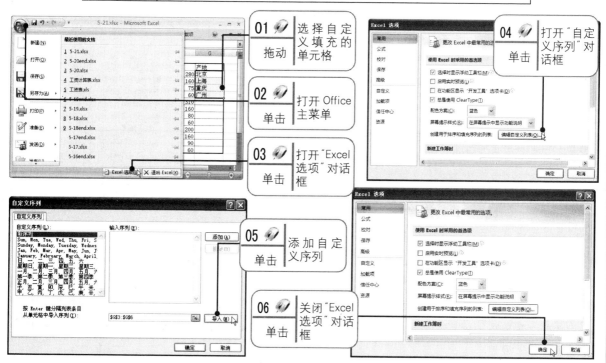

高手点拨

如果工作表中没有要创建自定义序列的条目，那么可以在"自定义序列"对话框的"输入序列"列表框中输入自定义序列，然后单击"添加"按钮，也可创建自定义序列。

技巧 04： 快速输入带有部分重复的内容

在实际输入的过程中，有时常常遇到输入大量带有部分重复内容的数据，如"单价"里只输入数值，在数值前面重复 RMB 的内容。输入这类带有部分重复内容的数据时，需要用到数字类型中的自定义类型，这类重复出现的内容用引号引起来，然后与数值之间用#号联结起来。

具体操作方法如下。

光盘文件:

素材文件	光盘\素材文件\第 5 章\5-22.xlsx
结果文件	光盘\结果文件\第 5 章\5-22end.xlsx

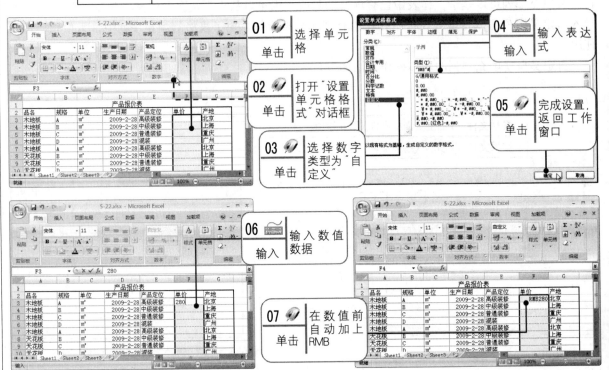

01 单击 · 选择单元格

02 单击 · 打开"设置单元格格式"对话框

03 单击 · 选择数字类型为"自定义"

04 输入 · 输入表达式

05 单击 · 完成设置,返回工作窗口

06 输入 · 输入数值数据

07 单击 · 在数值前自动加上 RMB

技巧 05: 只输入有效数据

如果在输入数据时,要将数据输入限制在某个日期范围、使用列表限制选择或者确保只输入正整数,则可以通过设置输入数据的有效性来进行相关操作。这对于数据输入的顺利进行是很有必要的。

例如,在 5-23.xlsx 中,要求"单价"列只能输入 60~300 之间的整数,如出错则警告"停止"。具体操作方法如下。

光盘文件:

素材文件	光盘\素材文件\第 5 章\5-23.xlsx
结果文件	光盘\结果文件\第 5 章\5-23end.xlsx

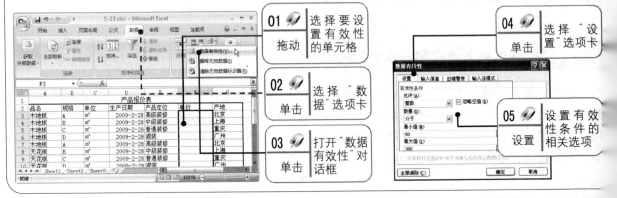

01 拖动 · 选择要设置有效性的单元格

02 单击 · 选择"数据"选项卡

03 单击 · 打开"数据有效性"对话框

04 单击 · 选择"设置"选项卡

05 设置 · 设置有效性条件的相关选项

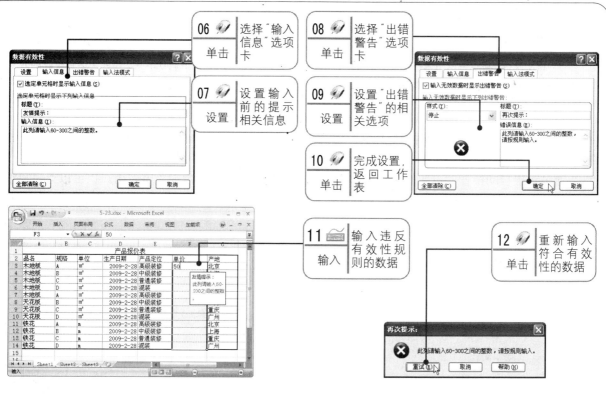

高手点拨

　　设置数据有效性规则还有很多。例如，还可设置入职时间起于什么时候、止于什么时候、岗位工资大于多少、小于多少等。

技巧 06：　在一个单元格中输入多行内容

　　默认情况下，输入到 Excel 2007 单元格中的数据内容只有一行，如果想在一个单元格中输入多行内容，则需要用到"自动换行"命令。具体操作方法如下。

光盘文件：

素材文件	光盘\素材文件\第 5 章\5-24.xlsx
结果文件	光盘\结果文件\第 5 章\5-24end.xlsx

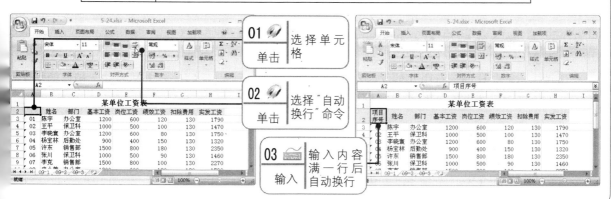

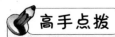
高手点拨

"自动换行"命令可以用来在 Excel 2007 中制作类似 Word 2007 表格中的斜线表头。如果要达到较好的效果，还可以使用强制换行的组合键 Alt+Enter。

技巧 07: 让数据适合单元格大小

通过设置自动换行，单元格可以分多行显示超过单元格宽度的数据内容。用户也可以通过"缩小字体填充"命令使数据字号变小，从而让数据适合单元格大小。具体操作方法如下。

光盘文件：

素材文件	光盘\素材文件\第 5 章\5-25.xlsx
结果文件	光盘\结果文件\第 5 章\5-25end.xlsx

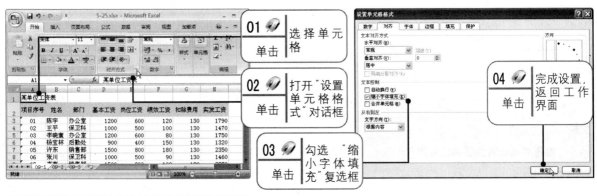

01 单击　选择单元格

02 单击　打开"设置单元格格式"对话框

03 单击　勾选"缩小字体填充"复选框

04 单击　完成设置，返回工作界面

数据适合单元格大小效果。

高手点拨

勾选"缩小字体填充"复选框可以让数据适合单元格大小，即单元格大小不变、字变小。在实际操作中，最常用的是改变单元格的大小，而字号的大小不变。

技巧 08: 输入上标/下标数据的技巧

所谓上标就是比同一行中其他文字稍高的文字；而下标则是比同一行中其他文字稍低的文字。在 Excel 2007 中设置上标/下标的具体操作方法如下。

光盘文件：

素材文件	光盘\素材文件\第 5 章\5-26.xlsx
结果文件	光盘\结果文件\第 5 章\5-26end.xlsx

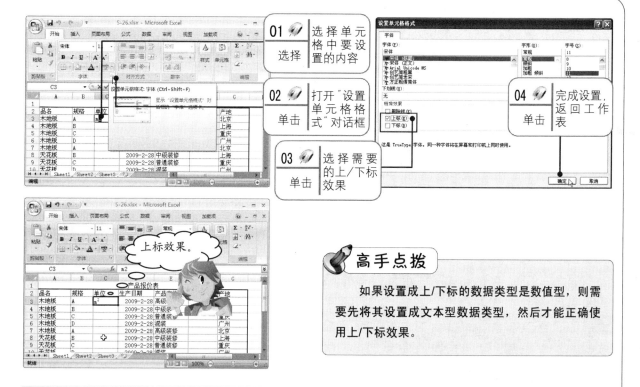

01 选择	选择单元格中要设置的内容
02 单击	打开"设置单元格格式"对话框
03 单击	选择需要的上/下标效果
04 单击	完成设置,返回工作表

上标效果。

高手点拨

如果设置成上/下标的数据类型是数值型,则需要先将其设置成文本型数据类型,然后才能正确使用上/下标效果。

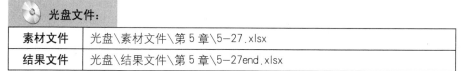

技巧 09: 将数据复制为关联数据

常规的复制数据的方法只是将数据复制到另一处,复制过来的数据与源数据没有联系,即使当源数据发生了变化,复制过来的数据也不会发生变化了。在实际操作中,有时需要将数据复制为关联数据,也就是当源数据发生变化后,被复制过来的数据跟着发生相应的变化。要将数据复制为关联数据,其具体操作方法如下。

光盘文件:

素材文件	光盘\素材文件\第 5 章\5-27.xlsx
结果文件	光盘\结果文件\第 5 章\5-27end.xlsx

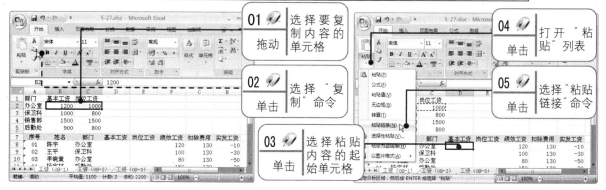

01 拖动	选择要复制内容的单元格
02 单击	选择"复制"命令
03 单击	选择粘贴内容的起始单元格
04 单击	打开"粘贴"列表
05 单击	选择"粘贴链接"命令

高手点拨

将数据复制为关联数据,也可以采用以下方法。先在需要复制的单元格中单击,然后输入等号=,再选择要被复制的关联数据所在的单元格,然后按下 Enter 键即可。

技巧 10：　在多张工作表中输入相同数据

选择多张工作表后，就可以在选定的多张工作表中同时输入相同数据。具体操作方法如下。

光盘文件：

素材文件	光盘\素材文件\第 5 章\5-28.xlsx
结果文件	光盘\结果文件\第 5 章\5-28end.xlsx

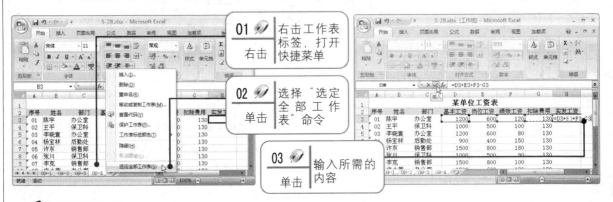

01　右击　右击工作表标签，打开快捷菜单

02　单击　选择"选定全部工作表"命令

03　单击　输入所需的内容

高手点拨

选择工作表时，也可以使用鼠标左键单击工作表标签名。如果要选择多个工作表，可以按住 Shift 键或 Ctrl 键，然后再单击工作表标签名，这样就可选择多个工作表。

在选定多张工作表时，将在工作表顶部的标题栏中显示"[工作组]"字样。要取消选择工作簿中的多张工作表时，可以右击选定工作表的标签，然后单击弹出快捷菜单上的"取消组合工作表"命令。

对选定后组成"工作组"的表格进行操作时要特别小心，因为在活动工作表中输入或编辑的数据会反映到所有选中的工作表中，这些更改可能替换活动工作表中的数据，还可能不经意地替换其他选中的工作表上的数据。

技巧 11：　快速设置单元格的相同格式

Excel 2007 提供了大量的单元格样式命令，通过这些样式，可以快速设置单元格的相同格式。具体操作方法如下。

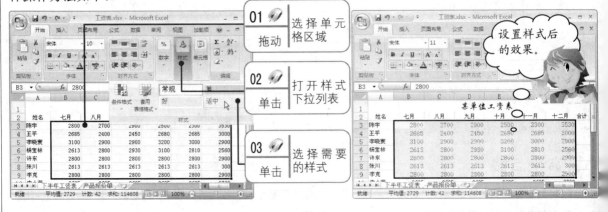

01　拖动　选择单元格区域

02　单击　打开样式下拉列表

03　单击　选择需要的样式

设置样式后的效果。

 高手点拨

在实际工作应用中，快速设置单元格的相同格式时，还常常使用"开始"选项卡下 "剪贴板"功能组中的 "格式刷"按钮 来复制格式，然后再用"格式刷"刷过需要设置格式的单元格。

技巧 12: 更改单元格内容的排列方向

在 Excel 2007 的单元格中，内容的排列方向总是从左向右水平排列，其实 Excel 2007 为用户提供了许多其他的排列方向，用户可以根据自己的实际需要灵活设置。更改单元格内容排列方向的具体操作方法如下。

💿 光盘文件:

素材文件	光盘\素材文件\第 5 章\5-29.xlsx
结果文件	光盘\结果文件\第 5 章\5-29end.xlsx

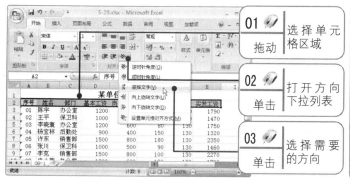

01 拖动　选择单元格区域

02 单击　打开方向下拉列表

03 单击　选择需要的方向

竖排文字效果。

技巧 13: 隐藏单元格的内容

隐藏单元格内容，就是让单元格的内容在单元格中不可见。在 Excel 2007 中，可以自定义单元格格式，设置类型为三个英文状态下的分号;;;,，即可将单元格内容隐藏起来。具体操作方法如下。

💿 光盘文件:

素材文件	光盘\素材文件\第 5 章\5-30.xlsx
结果文件	光盘\结果文件\第 5 章\5-30end.xlsx

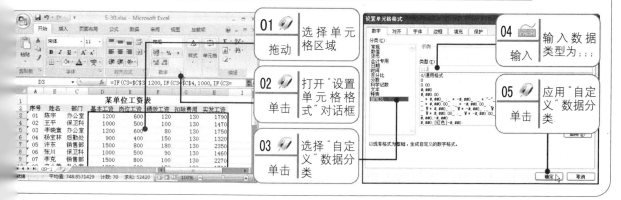

01 拖动　选择单元格区域

02 单击　打开"设置单元格格式"对话框

03 单击　选择"自定义"数据分类

04 输入　输入数据类型为;;;

05 单击　应用"自定义"数据分类

这种隐藏内容的方法只是让数据不在单元格中显示，其实在编辑栏中一样可以看到当前单元格的内容；当然，也可以将数据颜色设置成背景颜色，从而也可以达到隐藏的目的。

技巧 14： 隐藏不需要的行与列

在实际工作中，用户可以将不需要的行与列隐藏起来，以便有更多的工作行列显示出来。隐藏不需要的行与列的具体操作方法如下。

光盘文件：

素材文件	光盘\素材文件\第 5 章\5-31.xlsx
结果文件	光盘\结果文件\第 5 章\5-31end.xlsx

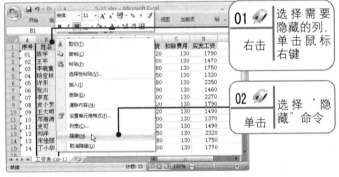

01 选择需要隐藏的列，单击鼠标右键

02 选择"隐藏"命令

B 列已经被隐藏。

高手点拨

隐藏行的操作与隐藏列的操作一样。如果需要同时隐藏多行或多列，只需选择要隐藏的多行或多列，然后单击鼠标右键，在弹出的快捷菜单中选择相应的隐藏行或隐藏列命令即可。对隐藏的行/列，也可采用选择隐藏行/列相邻的左右行/列，然后单击鼠标右键，选择"取消隐藏"命令来取消隐藏的行/列，从而让隐藏的行/列再次显示出来。

过关练习 ——— 自我测试与实践

启动 Excel 2007，按要求完成以下练习题。

（1）将 Book1 保存为"工资表.xlsx"文件。

（2）在 Sheet1 工作中，以 A1 单元格为起始单元格，创建一个包括"序号、姓名、身份证号码、部门、工龄、基本工资、岗位工资、工龄工资、浮动工资、奖金、社保、水电费、总工资、实发工资"项目的工资表。要求除"总工资"和"实发工资"不录入数据外，其余都按要求录入至少 5 条记录。

（3）在第 1 行前插入一个空行，输入标题文本"联本公司 09 年 2 月工资表"。将该标题文本设置为居中对齐、黑体、12 磅、加粗。

（4）为表格添加所有框线的边框线效果（不包括标题文本）。

（5）将 Sheet 1 工作表复制到 Sheet 3 工作表后，删除 Sheet 2 和 Sheet 3 工作表。

（6）将 Sheet 1 工作表重命名成"工资（09-2）"。

（7）关闭"工资表.xlsx"文件。

（8）表头效果如下图所示。

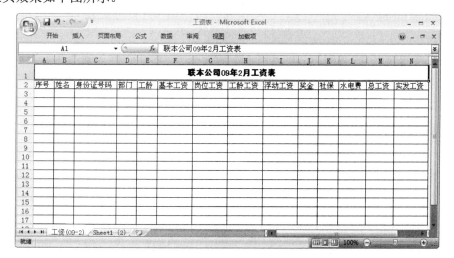

Chapter 06

工作表中数据的计算处理

高手指引

今天，老总拿来一份公司所有员工的名册，要求小艳用 Excel 做一个工资表模板出来，以后每个月计算工资时只需填数据即可。小艳接受这个任务后，感觉很着急，因为她只会使用 Excel 创建电子表格，还不会对工作表中的数据进行计算处理。在一旁的同事老李看着发呆的小艳，于是对她进行了一些指教和帮助。

> 小艳，你不会做工资统计表吗？

> 老李，用 Excel 创建表格我会做了，可怎样对数据进行计算呢？

> 让我来教你，保证用不了多少时间就会熟练掌握数据的计算处理的！

> 太感谢您了！

> 不必客气，工作上相互帮助也是应该的。下面就让我们进入 Excel 2007 的数据计算处理吧。

使用 Excel 2007 可以方便地对数据进行计算处理。除了可以使用公式进行自定义计算外，还可以使用 Excel 2007 提供的很多函数进行更多专业的计算。

学习要点

- ◆ 掌握 Excel 2007 公式的输入规则

- ◆ 熟悉 Excel 2007 公式的计算

- ◆ 掌握 Excel 2007 函数的调用方法

- ◆ 掌握 Excel 2007 常用函数的使用方法

- ◆ 了解 Excel 2007 数组计算的相关知识

6.1　公式计算

通过上一章的学习，用户已经可以创建各种各样的表格，并对表格进行各种编辑操作，但在实际工作中，用户还常常遇到对表格数据进行计算的问题。本章将详细介绍工作表数据的计算处理，它包括三个方面：公式计算、函数计算和使用数组计算数据。本节介绍公式计算。

6.1.1　认识公式的组成

公式是将数学表达式反映到 Excel 2007 中的一种方式。因此，Excel 2007 中公式的形式，是严格按照数学表达式的组成来表达的。但 Excel 2007 中的公式又不简单地等同于数学表达式，数学表达式中只能运算具体的数值和参数，而在公式中，既可以引用数值所在的单元格，还可以使用函数来创建更加复杂的表达式。具体来说，公式的几种组成方式如下表。

公式组成	功能作用
=100+200	公式由常数组成
=A1+B1	公式由单元格引用表达式组成
=100+A1	公式由常量和单元格组成
=SUM（100，200）	公式由函数并按函数表达式组成

高手点拨

公式的组成是一个比较复杂的知识点，此处只是简单地按照实际应用加以列举，在实际使用过程中，还可以继续深入。如果公式中包括函数，函数又有其特有的表达式，那么函数在公式中也一定要按照其具体表达式来加以描述。公式中如果只是单纯地引用常数，则也可使用括号来改变其运算顺序。

6.1.2　公式的输入规则

在 Excel 2007 中输入公式时，必须按照一定的规则来输入。

首先，公式以等号=开头。例如，公式=5+2*3，表示 2 乘以 3 再加 5。

其次，公式也可以包括下列全部或部分内容：函数、引用、运算符和常量。

例如，B2 单元格中的公式=PI（）*A2^2，其组成部分如下。

（1）函数：PI（）——函数返回 PI 值（π）3.142……；

（2）引用：A2——返回单元格 A2 的值；

（3）常量：直接在公式中输入的数字或文本值（如 2）；

（4）运算符：^（脱字号）运算符表示将数字乘方，*（星号）运算符表示相乘。

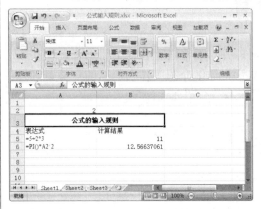

高手点拨

　　输入公式时，除了可以使用等号=开头外，也可以使用加号+开头，两者的作用都是一样的，相当于告之 Excel 后面输入的公式。

6.1.3　使用公式计算数据

　　要使用公式正确地计算数据，除了上面介绍的认识公式的组成和按照规则输入外，还有一些必须掌握的知识，具体来说，使用公式计算数据可以从以下几个方面来操作。

1. 认识运算符

　　运算符用于指定要对公式中的元素执行的计算类型。在 Excel 2007 中输入的运算符，都必须是英文状态下的符号。计算时有一个默认的次序（优先级），但可以使用括号更改计算次序。运算符分为 4 种不同类型，分别为算术运算符、比较运算符、文本连接运算符和引用运算符。具体含义如下。

- 算术运算符可以完成基本的数学运算（如加法、减法或乘法）、合并数字以及生成数值结果。
- 比较运算符可以比较两个值的大小。当用运算符比较两个值时，结果为逻辑值：TRUE 或 FALSE。
- 文本连接运算符使用与号（&）连接一个或多个文本字符串，以生成一段文本。
- 引用运算符可以对单元格区域进行合并计算。

Excel 2007 中引用连接运算符如下表所示。

算术运算符名称	含义	示例
+（加号）	加法	10+20
–（减号）	减法	20-10
–（减号）	负数	-10
*（星号）	乘法	10*20
/（正斜线）	除法	20/10
%（百分号）	百分比	20%
^（脱字号）	乘方	10^2

Excel 2007 中的比较运算符如下表所示。

比较运算符名称	含义	示例
=（等号）	等于	A2=B2
>（大于号）	大于	A2>B2
<（小于号）	小于	A2<B2
>=（大于等于号）	大于等于	A2>=B2
<=（小于等于号）	小于等于	A2<=B2
<>（不等号）	不等于	A2<>B2

Excel 2007 中文本连接运算符如下表所示。

文本连接运算符名称	含义	示例
&（与号）	将两个文本值连接或串起来产生一个连续的文本值	"四川"＆"成都"

Excel 2007 中引用运算符如下表所示。

引用运算符名称	含义	示例
:（冒号）	区域运算符，引用指定两个单元格之间的所有单元格	A1:A5，表示引用 A1～A5 共 5 个单元格
,（逗号）	联合运算符，引用所指定的多个单元格	SUM（A1,A5），表示对 A1 和 A5 两个单元格求和
（空格）	交叉运算符，引用同时属于两个引用的区域	B2:D7 C2:C9，表示引用 B2～D7 和 C2～C9 这两个区域共同的区域（C2:C9）

2. 认识运算符的优先级

如果一个公式中有若干个运算符，那么 Excel 将按下表所示的次序进行计算。如果一个公式中的若干个运算符具有相同的优先顺序（如一个公式中既有乘号又有除号），那么 Excel 将按从左到右的顺序进行计算。

运算符（优先级从高到低）	说明
:（冒号）	引用运算符
（单个空格）	引用运算符
,（逗号）	引用运算符
–	负数（如–1）
%	百分比
^	乘方
*和/	乘和除
+和–	加和减
&	连接两个文本字符串

运算符（优先级从高到低）	说明
=	比较运算符
<和>	比较运算符
<=	比较运算符
>=	比较运算符
<>	比较运算符

3. 单元格的引用方法

单元格的引用包括引用同一工作表上的单元格、同一工作簿中不同工作表上的单元格和不同工作簿中工作表上的单元格。具体操作方法如下。

- 引用同一工作表上的单元格。例如，在 6-1.xlsx 中 Sheet 1 工作表的 A1 单元格中引用 D5 单元格的内容，具体操作方法如下。

光盘文件：	
素材文件	光盘\素材文件\第 6 章\6-1.xlsx
结果文件	光盘\结果文件\第 6 章\6-1end.xlsx

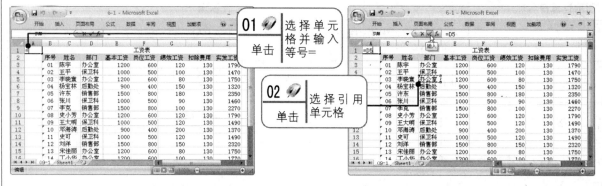

- 引用同一工作簿中不同工作表上的单元格。例如，在 6-2.xlsx 中 Sheet 2 工作表的 D3 单元格中引用 Sheet1 工作表中 D3 单元格的内容，具体操作方法如下。

光盘文件：	
素材文件	光盘\素材文件\第 6 章\6-2.xlsx
结果文件	光盘\结果文件\第 6 章\6-2end.xlsx

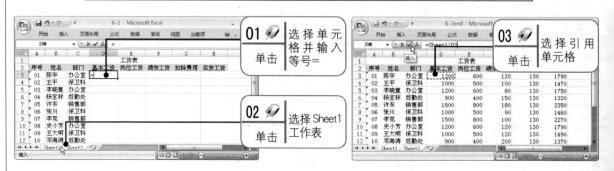

高手点拨

　　由上例可以看出，可以通过在单元格引用的前面加上工作表的名称和感叹号(!)来引用其他工作表上的单元格。如在工作表 Sheet1 的 A1 单元格中引用工作表 Sheet2 中的 B1 单元格，则可在 A1 单元格中输入表达式 =Sheet2!B1。

- 引用不同工作簿中工作表上的单元格。如已经打开工作簿 Book1 和 Book2，现在要在 Book1 中 Sheet1 工作表的 A1 单元格中引用 Book2 中 Sheet2 工作表的 B1 单元格，具体操作方法如下。

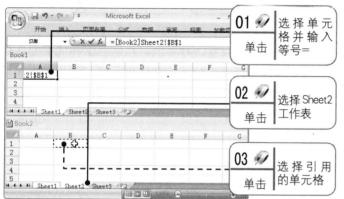

高手点拨

　　由上例可以看出，可以通过在单元格引用的前面加上用方括号（[ ]）括起来的工作簿名、工作表的名称和感叹号(!)来引用其他工作簿上的单元格。如在工作簿 Book1 中 Sheet1 工作表的 A1 单元格中引用工作簿 Book2 中的工作表 Sheet2 中 B1 单元格，可在 A1 单元格中输入表达式=[Book2]Sheet2!B1。

4. 使用公式计算数据实例

　　如在 6-3.xlsx 工作簿中，工资表有"基本工资"、"岗位工资"、"绩效工资"、"扣除费用"、"实发工资"等几项，其中，"实发工资"等于前三项之和减去"扣除费用"，计算"实发工资"的具体操作方法如下。

光盘文件：	
素材文件	光盘\素材文件\第 6 章\6-3.xlsx
结果文件	光盘\结果文件\第 6 章\6-3end.xlsx

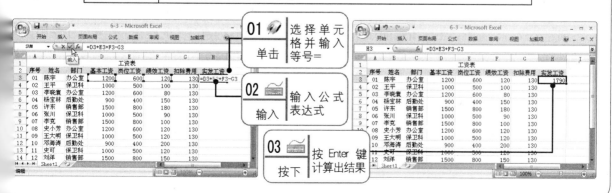

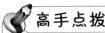

非常简单学会　**Office 2007 电脑办公**

高手点拨

输入公式时既可以在单元格中直接输入，也可以在编辑栏中输入，而且 Excel 2007 的编辑栏是可调整大小的，所以在实际操作中，输入公式最好在编辑栏中输入，这是由于在编辑栏中输入既方便，又不受其他单元格数据的影响，而且还可以非常方便地通过方向键来改变光标位置。

6.1.4　修改计算公式

在使用公式对表格数据进行计算时，有时一个公式需要反复进行修改，以达到工作的需要。修改计算公式可以双击单元格，进入单元格编辑状态，也可以单击公式所在的单元格，然后单击编辑框，在编辑栏里进行修改。在编辑栏里修改公式是最常用的方法，下面以上节创建的实发工资公式为例，现在当月工资每人增加 50 元奖励，具体操作方法如下。

光盘文件：	
素材文件	光盘\素材文件\第 6 章\6-4.xlsx
结果文件	光盘\结果文件\第 6 章\6-4end.xlsx

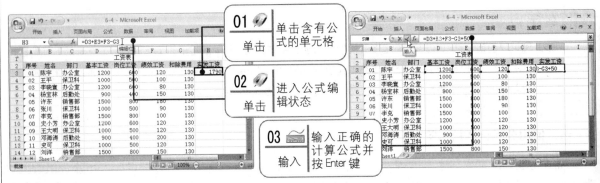

高手点拨

进入单元格编辑状态，可以使用快捷键 F2。

6.1.5　复制计算公式

创建公式后，并不是下面所有的计算结果都要重复地进行创建公式的操作。在实际工作中，可以通过复制计算公式快速地使用计算公式。复制计算公式后，其引用的单元格会跟着变化，从而得出正确的计算结果。复制计算公式可以通过拖动填充柄进行填充操作，具体操作方法如下。

光盘文件：	
素材文件	光盘\素材文件\第 6 章\6-5.xlsx
结果文件	光盘\结果文件\第 6 章\6-5end.xlsx

高手点拨

复制计算公式时也可使用"复制"和"粘贴"命令来进行操作。

6.2　函数计算

函数从实质上讲是一个预先定义好的公式。根据函数名和参数，函数可以完成某一特定计算。在使用函数时，必须正确填写该函数中的相关参数，函数才能进行正确运算。

6.2.1　函数的使用介绍

函数是由函数名、一对左右圆括号和圆括号中的若干参数组成的。输入函数名之前必须先输入一个等号=，通知 Excel 随后输入的是函数而非文本。

例如，=SUM（A1，B1，C1）表示将单元格 A1、B1 和 C1 的数值相加，相当于自定义公式=A1+B1+C1。

函数名输入时不区分大小写，即函数名中的大小写字母等效；左、右括号应成对出现，即要匹配（如果漏写右边的括号，则 Excel 会自动补上）；括号内是函数的相关参数，如果参数不止一个，则各参数之间必须用逗号分隔；最后特别要注意的是，在函数的输入过程中，一切符号都是英文状态下的，包括括号、逗号等。

6.2.2　函数的调用方法

在 Excel 2007 中输入函数一般有两种方法，一种是通过插入函数对话框来输入函数，另一种是通过编辑栏直接输入函数，本书主要介绍后者。下面具体介绍这两种函数的输入方法。

1．通过插入函数对话框来输入函数

通过插入函数对话框来输入函数的操作方法如下。

光盘文件：	
素材文件	光盘\素材文件\第 6 章\6-6.xlsx
结果文件	光盘\结果文件\第 6 章\6-6end.xlsx

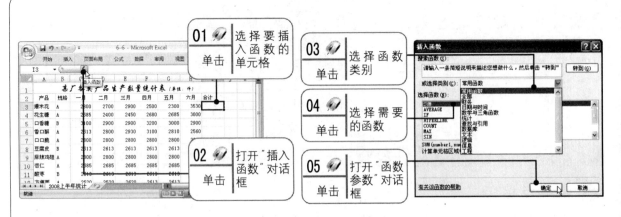

高手点拨

按下 Shift+F3 组合键，可以快速打开"插入函数"对话框。

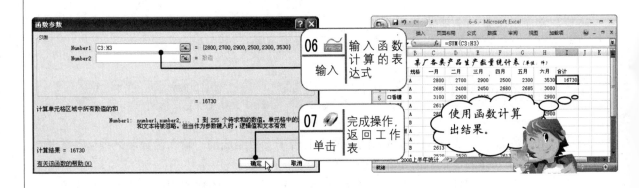

高手点拨

　　"函数参数"对话框中文本框里输入的是单元格的引用，单元格之间使用英文状态下的冒号":"表示引用两个单元格之间的所有单元格；如果单元格之间使用英文状态下的逗号","，则表示只引用当前列出来的单元格。如 A1:B3，表示引用 A1～B3（包括 A1、B1、A2、B2、A3 和 B3）共 6 个单元格；而 A1,B3，则表示引用 A1 和 B3 两个单元格。

2. 通过编辑栏直接输入函数

　　对于常用函数，通过编辑栏直接输入可以大大提高工作效率。通过编辑栏直接输入函数的操作方法如下。

💿 光盘文件：	
素材文件	光盘\素材文件\第 6 章\6-7.xlsx
结果文件	光盘\结果文件\第 6 章\6-7end.xlsx

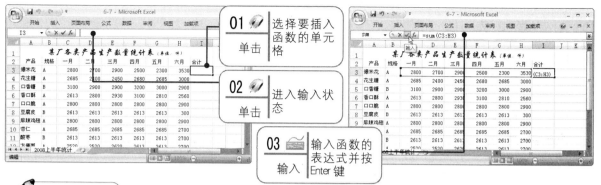

高手点拨

在编辑栏中输入函数时，在函数名的下方会出现一些参数提示，用户在输入的过程中要多加注意，严格按照参数要求进行函数的输入。

6.2.3　常用求和函数（SUM）的使用

函数 SUM 用来返回某一单元格区域中的所有数字之和。

SUM 函数的语法如下：SUM（Number1，Number2，……）。

其中，"Number1，Number2，……"是要对其求和的 1～255 个参数。

例如，通过在编辑栏中输入函数的方法来计算 6-8.xlsx 中的合计值，具体操作方法如下。

光盘文件：

素材文件	光盘\素材文件\第 6 章\6-8.xlsx
结果文件	光盘\结果文件\第 6 章\6-8end.xlsx

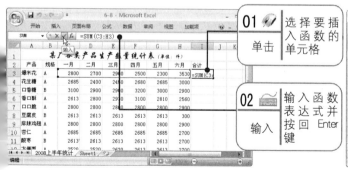

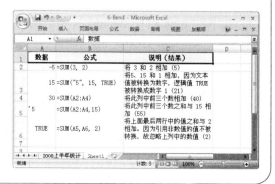

高手点拨

使用 SUM 函数时要注意，直接键入到参数表中的数字、逻辑值及数字的文本表达式将被计算；如果参数是一个数组或引用，则只计算其中的数字；如果参数为错误值或不能转换为数字的文本，则会导致公式错误。

6.2.4 常用平均值函数（AVERAGE）的使用

AVERAGE 函数用来统计参数的算术平均值。

AVERAGE 函数的语法如下：AVERAGE（number1，number2，……）。

其中，"number1，number2，……"是要计算其平均值的 1～255 个参数。

例如，统计 6-9.xlsx 工作簿中上半年的月平均产量，具体操作方法如下。

光盘文件：	
素材文件	光盘\素材文件\第 6 章\6-9.xlsx
结果文件	光盘\结果文件\第 6 章\6-9end.xlsx

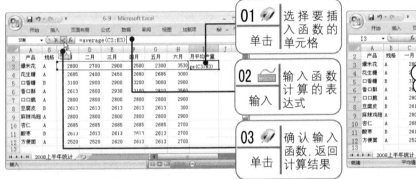

01 单击　选择要插入函数的单元格

02 输入　输入函数计算的表达式

03 单击　确认输入函数，返回计算结果

填充函数效果。

高手点拨

AVERAGE 函数中的参数可以是数字或包含数字的名称、数组或引用；逻辑值和直接键入到参数列表中代表数字的文本被计算在内；如果数组或引用参数包含文本、逻辑值或空白单元格，则这些值将被忽略，但包含零值的单元格将计算在内。

6.2.5 常用最大值与最小值函数（MAX/MIN）的使用

MAX 函数用来统计一组参数中的最大值，MIN 函数用来统计一组参数中的最小值。两个函数的使用方法是一样的，此处以统计最大值 MAX 函数为例。

MAX 函数的表达式如下：MAX（number1，number2，……）。

其中，"number1，number2，……"是要从中找出最大值的 1～255 个参数。

例如，统计 6-10.xlsx 工作簿中上半年各类产品月产量的最大数据，具体操作方法如下。

光盘文件：	
素材文件	光盘\素材文件\第 6 章\6-10.xlsx
结果文件	光盘\结果文件\第 6 章\6-10end.xlsx

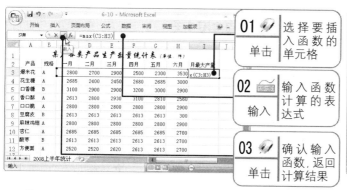

01 单击	选择要插入函数的单元格
02 输入	输入函数计算的表达式
03 单击	确认输入函数,返回计算结果

高手点拨

MAX 函数中的参数可以是数字或包含数字的名称、数组或引用;逻辑值和直接键入到参数列表中代表数字的文本被计算在内。

6.2.6　常用计数函数(COUNT)的使用

COUNT 函数只对单元格中数字型的单元格计数。

COUNT 函数的表达式如下:COUNT(value1,value2,……)。

其中,"value1,value2,……"是可以包含或引用各种类型数据的 1~255 个参数,但只有以下参数才会计算在内:数字参数、日期参数或者代表数字的文本参数、逻辑值和直接键入到参数列表中数字的文本。

例如,统计 6-11.xlsx 工作簿中有入职测试成绩的员工人数,具体操作方法如下。

光盘文件:

素材文件	光盘\素材文件\第 6 章\6-11.xlsx
结果文件	光盘\结果文件\第 6 章\6-11end.xlsx

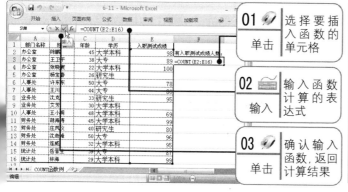
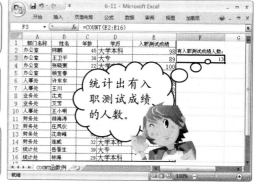

01 单击	选择要插入函数的单元格
02 输入	输入函数计算的表达式
03 单击	确认输入函数,返回计算结果

高手点拨

在实际操作中,用户也可以使用 COUNTA 函数来统计包含数字和文本类型的非空值的单元格个数;可以使用 COUNTBLANK 函数来统计空白单元格的个数,它们的操作方法是一样的。

6.3　使用数组计算数据

数组公式对一组或多组值执行多重计算，并返回一个或多个结果。

6.3.1　数组公式的创建

创建数组公式分两种情况，分别为计算单个结果的数组公式和计算多个结果的数组公式。下面分别具体介绍创建这两种数组公式的方法。

1. 计算单个结果的数组公式的创建

可用数组公式执行多个计算而生成单个结果。通过用单个数组公式代替多个不同的公式，可简化工作表模型。

例如，要计算 6-12.xlsx 工作簿中一组股票价格和股份的总价值，而不是使用一行单元格来计算并显示出每支股票的总价值。具体操作方法如下。

💿 光盘文件：	
素材文件	光盘\素材文件\第 6 章\6-12.xlsx
结果文件	光盘\结果文件\第 6 章\6-12end.xlsx

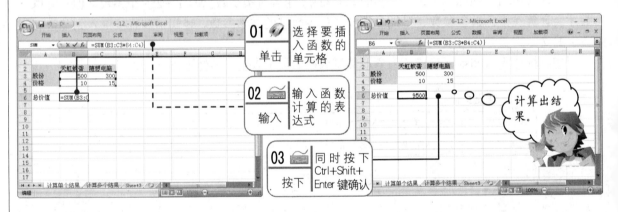

01 单击 选择要插入函数的单元格

02 输入 输入函数计算的表达式

03 按下 同时按下 Ctrl+Shift+Enter 键确认

计算出结果。

✏️ 高手点拨

除了用 Ctrl+Shift+Enter 组合键输入公式外，创建数组公式的方法与创建其他公式的方法是相同的。从上面计算可以看出，数组公式括于大括号（{ }）中，并且该公式将每支股票的"股份"和"价格"相乘，然后再将这些计算结果相加。

2. 计算多个结果的数组公式的创建

如果要使数组公式能计算出多个结果，必须将数组输入到与数组参数具有相同列数和行数的单元格区域中。

例如，在 6-13.xlsx 工作簿中，给出了相当于 3 个月（列 B 中）的 3 个销售量（列 C 中），TREND

函数返回销售量的直线拟合值。如果要显示公式的所有结果，应在列 D 的三个单元格中（D1:D3）输入数组公式。具体操作方法如下。

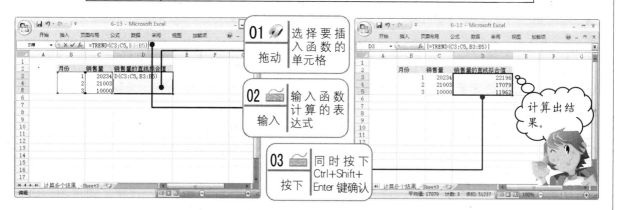

光盘文件：	
素材文件	光盘\素材文件\第 6 章\6-13.xlsx
结果文件	光盘\结果文件\第 6 章\6-13end.xlsx

高手点拨

　　从上例可以看出，某些内置函数是数组公式，并且必须作为数组输入才能获得正确的结果相加，而且这类函数还比较多，用户可根据自己的需要有选择性地学习。

6.3.2　使用数组常量

　　在普通公式中，可输入包含数值的单元格引用或数值本身，其中，该数值与单元格引用称为常量。同样，在数组公式中也可输入数组引用，或包含在单元格中的数值数组，其中，该数值数组和数组引用称为数组常量。数组公式可以按与非数组公式相同的方式使用常量，但是必须按特定格式输入数组常量。

　　数组常量可包含数字、文本、逻辑值（如 TRUE、FALSE 或错误值#N/A）。数组常量中也可包含不同类型的数值，例如，{1，3，4；TRUE，FALSE，TRUE}。数组常量中的数字可以使用整数、小数或科学记数格式，但文本必须包含在半角的双引号内，例如"Tuesday"。

　　数组常量不包含单元格引用、长度不等的行或列、公式或特殊字符$（美元符号）、括弧或%（百分号）。

　　数组常量的格式必须符合以下几条。

- 数组常量置于大括号（{ }）中。
- 同列的数值用逗号（,）分开。例如，若要表示数值 10、20、30 和 40，则必须输入 {10,20,30,40}。这个数组常量是一个 1 行 4 列的数组，相当于一个 1 行 4 列的引用。
- 不同行的值用分号（;）隔开。例如，如果要表示一行中的 10、20、30、40 和下一行中的 50、60、70、80，则应该输入一个 2 行 4 列的数组常量：{10,20,30,40;50,60,70,80}。

进阶提高 —— 技能拓展内容

通过前面基础知识的学习，相信初学者已经掌握好 Excel 2007 中公式与函数操作的相关基础知识了。为了进一步提高软件使用的操作技能，下面介绍与本章内容相关的一些操作技巧。

技巧 01： 如何使用公式中单元格的相对引用

单元格引用的作用在于标识工作表上的单元格或单元格区域，并指明公式中所使用数据的位置。

所谓相对引用，是指公式中引用的单元格以它的行、列地址作为它的引用名，如 A1、B2 等。在相对引用中，如果公式所在单元格的位置改变，则引用也随之改变。如果多行或多列地复制或填充公式，则引用会自动调整。默认情况下，新公式使用相对引用。

例如，单元格 C2 中的公式为=A2+B2，如果将单元格 C2 复制或填充到单元格 C3，则公式中引用的单元格也将自动变为=A3+B3。公式中使用单元格相对引用的具体操作方法如下。

光盘文件：	
素材文件	光盘\素材文件\第 6 章\6-14.xlsx
结果文件	光盘\结果文件\第 6 章\6-14end.xlsx

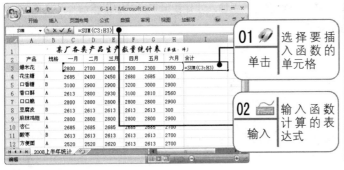

01 单击　选择要插入函数的单元格

02 输入　输入函数计算的表达式

相对引用单元格的复制效果。

高手点拨

公式中的单元格采用相对引用，只有当公式被复制或填充时，引用的单元格才会随着公式的位置变化而相对变化，如果公式只是移动，则引用的单元格是不会变化的。

技巧 02： 如何使用公式中单元格的绝对引用

所谓绝对引用，是指公式中引用的单元格，在它的行地址、列地址前都加上一个美元符$作为它的名字。例如，A1 是单元格的相对引用，而$A$1 则是单元格的绝对引用。

在 Excel 中，绝对引用指的是某一确定的位置，如果公式所在单元格的位置改变，那么绝对引用也将保持不变。如果多行或多列地复制或填充公式，那么绝对引用也将不作调整。例如，单元格 C2 中的公式为=$A$2+$B$2，如果将单元格 C2 复制或填充到单元格 C3，那么公式中引用的单元格仍然保持不变，为=$A$2+$B$2。例如，在 6-15.xlsx 工作簿中计算本月加班费用。

光盘文件：	
素材文件	光盘\素材文件\第6章\6-15.xlsx
结果文件	光盘\结果文件\第6章\6-15end.xlsx

　　问题分析：该加班表中有两个地方要自定义公式，一个是"本月加班时间"，它等于本月加班时间减去上月加班时间；另一个是"本月加班费"，它等于本月加班时间乘以加班小时工资。其中，"本月加班时间"公式由于引用的单元格要跟着公式的位置变化而变化，所以采用相对引用；"本月加班费"由于引用的本月加班时间需要跟着公式变化，但加班小时工资要固定在 H2 单元格，所以加班小时工资应该采用绝对引用。操作方法如下。

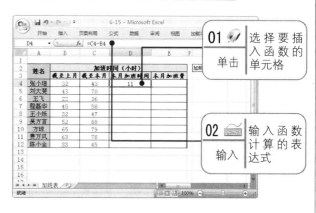

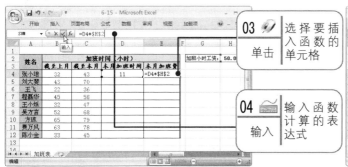

高手点拨

　　绝对引用单元格在输入时，由于要在列标和行号前输入$符号，所以比较麻烦，其实可以先输入单元格的相对引用，然后按下 F4 键，即可将相对引用变成绝对引用。

技巧 03： 如何使用公式中单元格的混合引用

　　所谓混合引用，是指公式中引用的单元格具有绝对列和相对行或绝对行和相对列。绝对引用列采用如$A1、$B1 等形式，绝对引用行采用 A$1、B$1 等形式。

　　在混合引用中，如果公式所在单元格的位置改变，则相对引用将改变，而绝对引用不变。如果多行或多列地复制或填充公式，则相对引用将自动调整，而绝对引用将不作调整。例如，单元格 C2 中的公式为=A$2+$B2，如果将单元格 C2 复制或填充到单元格 C3，则公式中引用的单元格相对部分跟着变，绝对部分保持不变，公式最后变为=A$2+$B3。

　　例如，在 6-16.xlsx 工作簿中计算员工佣金提成。具体操作方法如下。

光盘文件：	
素材文件	光盘\素材文件\第6章\6-16.xlsx
结果文件	光盘\结果文件\第6章\6-16end.xlsx

　　问题分析：该佣金计算表包括两项内容，一是销量指标，二是发展经销商能力指标。员工佣金的提成是由销量指标与发展经销商能力指标相乘得到的。对于销售指标的销售额所在三个级别数据单元格，可以看出行在变而列没变，此处以 C6 单元格为例，使用相对引用的表示应为$C6；而对于发展经销商能力指标所在的三个级别数据单元格，列在变而行没变，以 D5 单元格为例，使用相对引用的应为 D$5。所以，根据以上分析，员工佣金计算的操作方法如下。

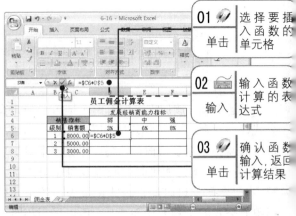

技巧04： 名称在公式计算中的应用

　　名称是一种有意义的简写形式，可以通过创建名称来代表单元格区域，在公式中可以直接引用定义好的名称。定义名称可通过在名称框中输入名称后按下 Enter 键来实现。

　　在 6-17.xlsx 工作簿中，如果某单位要统计加班费用，可先将小时加班费用定义成名称，然后在公式中便可直接使用该名称。具体操作方法如下。

💿 光盘文件：	
素材文件	光盘\素材文件\第 6 章\6-17.xlsx
结果文件	光盘\结果文件\第 6 章\6-17end.xlsx

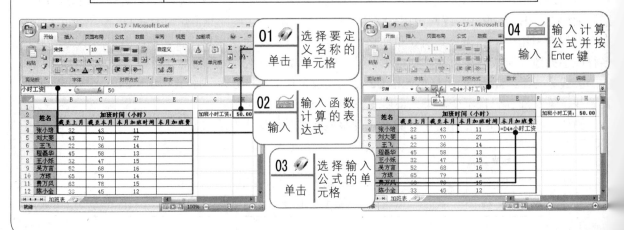

高手点拨

定义的名称在公式中的引用为绝对引用。

技巧 05：　数据计算常见错误处理

在用公式或函数进行数据计算时，常常会遇到出错的情况。Excel 2007 会根据出错的原因智能地给出一些出错提示，常见的错误类型及处理方法如下表所示。

出错提示符号	错误含义	处理方法
#####	列宽不够；或者使用了负日期或时间	列宽不够时可以双击列标题右侧的边界；如果对日期或时间进行减法运算，则应确保建立的公式是正确的
#VALUE	使用的参数或操作数的类型不正确	检查公式或函数所需的操作数或参数是否正确无误，并且公式引用的单元格中包含有效的值
#DIV>0	数字除以零（0）	将除数更改为非零值
#NAME?	Excel 不能识别公式中的文本	将公式中的文本用双引号括起来
#N>A	数值对函数或公式不可用	检查并确保函数或公式中的数值可用
#REF!	单元格引用无效	删除其他公式所引用的单元格，或将已移动的单元格粘贴到其他公式所引用的单元格上
#NUM!	公式或函数中使用了无效的数值	检查并确保函数中使用的参数是数字
#NULL!	指定两个并不相交区域的交点	更改引用以使其相交

技巧 06：　条件函数 IF 的使用

条件函数 IF 是日常工作中使用频率最高的函数，因为日常管理活动中几乎没有不带条件的管理状态。使用 IF 函数有两点需要注意：一是函数的表达式；二是表达式中各参数的注意事项。只要把这两点掌握，就可以正确地使用该函数来进行相关计算了。

1．IF 函数的表达式

条件函数 IF 的语法如下：IF（logical_test，value_if_true，value_if_false）
表达式的意思是判断是否满足某个条件，如果满足，则返回一个值；如果不满足，则返回另一个值。

各参数的具体含义如下。
logical_test：逻辑值，表示计算结果为 TRUE 或 FALSE 的任意值或表达式；
value_if_true：如果真，是 logical_test 为 TRUE 时返回的值；
value_if_false：如果假，是 logical_test 为 FALSE 时返回的值。
因此，IF 函数表达式如果直接翻译过来，其意思为："如果（逻辑式，如果真……，如果假……）"。

直译过来不好理解，一般可将其翻译成如下中文格式："如果（某条件，条件成立返回的结果，条件不成立返回的结果）"。

2. IF 函数的实例

下面以实例来具体讲解此函数的使用方法。

在 6-18.xlsx 工作簿中，现在根据"1 季度销量"来判定产品的"市场接受力"。条件是这样的：凡是"1 季度销量"大于 15000 的，则市场接受力为"强"，否则为"弱"。具体操作方法如下。

光盘文件：	
素材文件	光盘\素材文件\第 6 章\6-18.xlsx
结果文件	光盘\结果文件\第 6 章\6-18end.xlsx

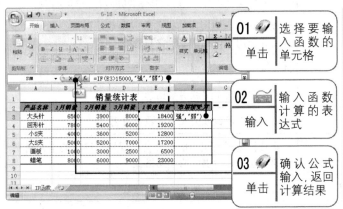

01 单击　选择要输入函数的单元格

02 输入　输入函数计算的表达式

03 单击　确认公式输入，返回计算结果

填充函数，返回结果。

3. IF 函数的嵌套

在实际工作中，一个 IF 函数往往还达不到工作的需要，需要多个 IF 函数嵌套来用。

IF 函数嵌套的语法如下：IF（logical_test，value_if_true，IF（logical_test，value_if_true，IF（logical_test，value_if_true，……，value_if_false）））。

上述表达式不好理解，一般可将其翻译成如下中文格式："如果（某条件，条件成立返回的结果，（某条件，条件成立返回的结果，（某条件，条件成立返回的结果，……，条件不成立返回的结果）））"。

可见，第二个 IF 语句同时也是第一个 IF 语句的参数 value_if_false。同样，第三个 IF 语句是第二个 IF 语句的参数 value_if_false，以此类推。Excel 2007 最多可以使用 64 个 IF 函数作为 value_if_true 和 value_if_false 参数进行嵌套。

在 6-19.xlsx 工作簿中，某单位共有"办公室"、"保卫科"、"后勤处"和"销售部" 4 个部门，该单位的基本工资是按所在部门来统一制订的，具体为：如果部门为"办公室"，则基本工资为 1200；如果部门为"保卫科"，则基本工资为 900；如果部门为"后勤处"，则基本工资为 850；如果部门为"销售部"，则基本工资为 1500。现在要根据职工所在部门自动计算基本工资，具体操作方法如下。

光盘文件：	
素材文件	光盘\素材文件\第 6 章\6-19.xlsx
结果文件	光盘\结果文件\第 6 章\6-19end.xlsx

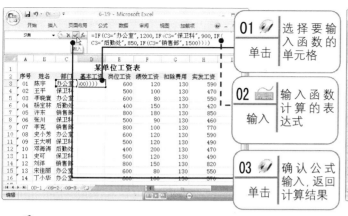

高手点拨

在 IF 函数的嵌套操作中，条件还可以使用其他函数进行定义。

技巧 07：排名函数 RANK 的使用

RANK 函数返回一个数字在数字列表中的排位。数字的排位是其大小与列表中其他值的比值（如果列表已排过序，则数字的排位就是它当前的位置）。

RANK 函数的语法如下：RANK（number，ref，order）。

参数 number 为需要找到排位的数字；ref 为字列表数组或对数字列表的绝对引用；order 为一数字，指明排位的方式。

在 6-20.xlsx 工作簿中，某单位各销售员上半年的销售数量统计表中合计出了上半年的销售数量，现在要根据合计值统计出上半年各销售员销售产品的名次，具体操作方法如下。

📀 **光盘文件：**

素材文件	光盘\素材文件\第 6 章\6-20.xlsx
结果文件	光盘\结果文件\第 6 章\6-20end.xlsx

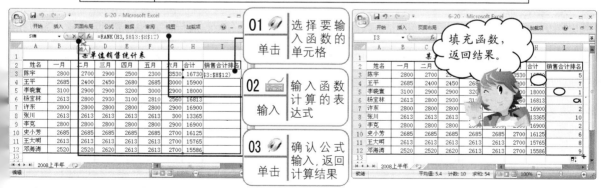

高手点拨

在 RANK 函数表达式中，如果参数 order 为 0（零）或省略（如上面的实例），那么 Excel 2007 对数字的排位是基于参数 ref 按照降序排列的列表，也就是数据大的排位在前；而如果参数 order 不为 0，那么 Excel 2007 对数字的排位是基于参数 ref 按照升序排列的列表。

技巧 08： 财务函数 PMT 的使用

财务函数 PMT 可以基于固定利率及等额分期付款方式，返回贷款每期付款额。

PMT 函数的语法如下：PMT（Rate，Nper，Pv，Fv，Type）。

其中：Rate 为贷款利率；Nper 为该项贷款的付款总数；Pv 为现值，或一系列未来付款当前值的累积和，也称为本金；Fv 为未来值，或在最后一次付款后希望得到的现金余额，如果省略 Fv，则假设其值为 0，也就是一笔贷款的未来值为 0；Type 为数字 0 或 1，用以指定各期的付款时间是在期初（0 或省略）还是期末（1）。

在 6-21.xlsx 工作簿中，小林买轿车共向银行贷款 100000 元，贷款年利率为 8%，10 年还清，请帮他算一下每个月应向银行支付多少元？具体操作方法如下。

光盘文件：	
素材文件	光盘\素材文件\第 6 章\6-21.xlsx
结果文件	光盘\结果文件\第 6 章\6-21end.xlsx

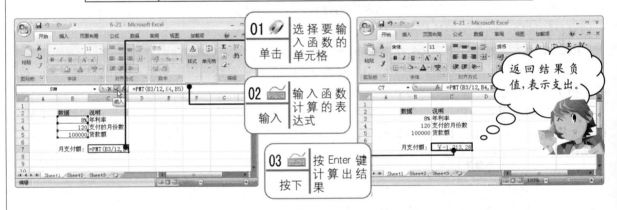

01 单击　选择要输入函数的单元格

02 输入　输入函数计算的表达式

03 按下　按 Enter 键计算出结果

返回结果负值，表示支出。

🖊 高手点拨

使用 PMT 函数应确认所指定的 Rate 和 Nper 单位的一致性。例如，同样是 4 年期年利率为 12% 的贷款，如果按月支付，则 Rate 应为 12%/12，Nper 应为 4*12；如果按年支付，则 Rate 应为 12%，Nper 应为 4。

技巧 09： 财务函数 PV 的使用

使用财务函数 PV 可以返回投资的现值。现值为一系列未来付款当前值的累积和。例如，借入方的借入款即为贷出方贷款的现值。

PV 函数的语法如下：PV（Rate，Nper，Pmt，Fv，Type）。

其中：Rate 为各期利率；Nper 为总投资期，即该项投资的付款期总数；Pmt 为各期所应支付的金额，其数值在整个年金期间保持不变，如果忽略 Pmt，则必须包含 Fv 参数；Fv 为未来值，或在最后一次支付后希望得到的现金余额，如果省略 Fv，则假设其值为 0，如果忽略 Fv，则必须包含 Pmt

参数；Type 为数字 0 或 1，用以指定各期的付款时间是在期初还是期末。

如在 6-22.xlsx 工作簿中，小林准备花 60000 元购买一项年金，投资收益率为 8%，付款的年限为 20 年，每月底支付 500 元年金，请帮他分析一下该项投资是否合算？具体操作方法如下。

光盘文件：

素材文件	光盘\素材文件\第 6 章\6-22.xlsx
结果文件	光盘\结果文件\第 6 章\6-22end.xlsx

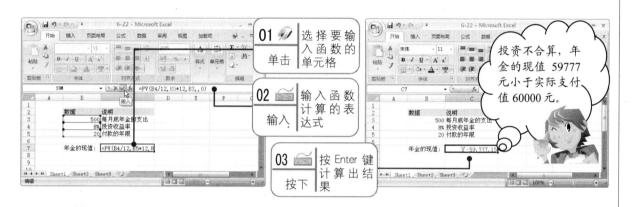

技巧 10：　财务函数 FV 的使用

财务函数 FV 可以基于固定利率及等额分期付款方式，返回某项投资的未来值。

FV 函数的语法如下：FV（Rate，Nper，Pmt，Pv，Type）。

各参数的详细信息请参阅函数 PV。

如在 6-23.xlsx 工作簿中，小林准备投资一项基金，年利率为 11%，投资总期数为 35 期，每期投资 2000 元，各期的支付时间在期初，请帮他算一下他投资的未来值是多少？具体操作方法如下。

光盘文件：

素材文件	光盘\素材文件\第 6 章\6-23.xlsx
结果文件	光盘\结果文件\第 6 章\6-23end.xlsx

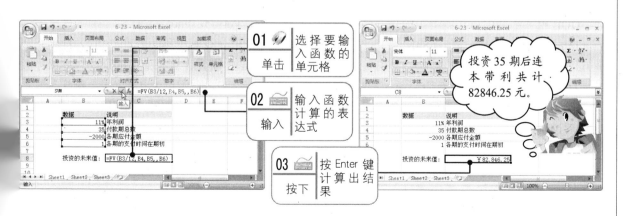

技巧 11： 财务函数 DB 的使用

财务函数 DB 可以使用固定余额递减法，计算一笔资产在给定期间内的折旧值。

DB 函数的语法如下：DB（Cost，Salvage，Life，Period，Month）。

其中：Cost 为资产原值；Salvage 为资产在折旧期末的价值（有时也称为资产残值）；Life 为折旧期限（有时也称作资产的使用寿命）；Period 为需要计算折旧值的期间，它必须使用与 Life 相同的单位；Month 为第一年的月份数，如省略，则假设为 12。

如在 6-24.xlsx 工作簿中，小林公司新购了一套设备，该设备总价 1000000 元，使用寿命为 6 年，6 年后该设备估价 100000 元，试用 DB 函数计算一下第三年的折旧值是多少？具体操作方法如下。

光盘文件：	
素材文件	光盘\素材文件\第 6 章\6-24.xlsx
结果文件	光盘\结果文件\第 6 章\6-24end.xlsx

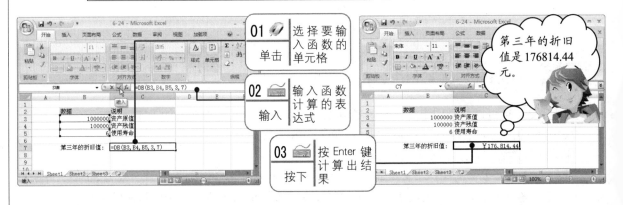

技巧 12： 财务函数 DDB 的使用

DDB 财务函数的功能为，使用双倍余额递减法或其他指定方法，计算一笔资产在给定期间内的折旧值。

DDB 财务函数的语法如下：DDB（Cost，Salvage，Life，Period，Factor）。

其中：Cost 为资产原值；Salvage 为资产在折旧期末的价值（有时也称为资产残值），此值可以是 0；Life 为折旧期限（有时也称作资产的使用寿命）；Period 为需要计算折旧值的期间，它必须使用与 Life 相同的单位；Factor 为余额递减速率，如果 Factor 被省略，则假设为 2（双倍余额递减法）。

如在 6-25.xlsx 工作簿中，小林公司新购了一套设备，该设备总价 2400 元，使用寿命为 10 年，10 年后该设备估价 300 元，试用 DDB 函数计算一下第一年的折旧值是多少？具体操作方法如下。

光盘文件：	
素材文件	光盘\素材文件\第 6 章\6-25.xlsx
结果文件	光盘\结果文件\第 6 章\6-25end.xlsx

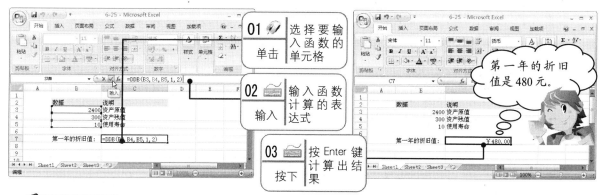

高手点拨

双倍余额递减法以加速的比率计算折旧。折旧在第一阶段是最高的，在后继阶段中会减少。

技巧 13： 财务函数 SYD 的使用

SYD 财务函数的功能为，返回某项资产按年限总和折旧法计算的指定期间的折旧值。

SYD 函数语法如下：SYD（Cost，Salvage，Life，Per）。

其中：Cost 为资产原值；Salvage 为资产在折旧期末的价值（有时也称为资产残值）；Life 为折旧期限（有时也称作资产的使用寿命）；Per 为期间，其单位与 Life 相同。

如在 6-26.xlsx 工作簿中，小林公司新购了一套设备，设备总价 30000 元，使用寿命为 10 年，10 年后该设备估价 7500 元，试用 SYD 函数计算一下第一年的年折旧值是多少？具体操作方法如下。

　　光盘文件：

素材文件	光盘\素材文件\第 6 章\6-26.xlsx
结果文件	光盘\结果文件\第 6 章\6-26end.xlsx

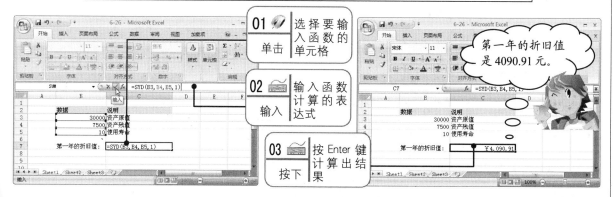

技巧 14： 财务函数 SLN 的使用

SLN 财务函数的功能为返回某项资产在一个期间中的线性折旧值。

SLN 函数的语法如下：SLN（Cost，Salvage，Life）。

其中：Cost 为资产原值；Salvage 为资产在折旧期末的价值（有时也称为资产残值）；Life 为折旧期限（有时也称作资产的使用寿命）。

如在 6-27.xlsx 工作簿中，小林公司新购了一套设备，该设备总价 30000 元，使用寿命为 10 年，10 年后该设备估价 7500 元，试用 SLN 函数计算一下每年的折旧值是多少？具体操作方法如下。

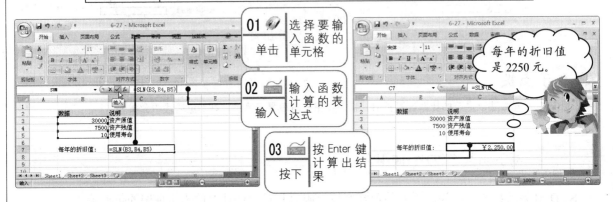

光盘文件：

素材文件	光盘\素材文件\第 6 章\6-27.xlsx
结果文件	光盘\结果文件\第 6 章\6-27end.xlsx

过关练习 —— 自我测试与实践

打开第 5 章创建的"工资表.xlsx"文件，按要求完成以下练习题。

（1）删除"基本工资"、"岗位工资"、"工龄工资"原始数据。

（2）使用 IF 函数计算"基本工资"、"岗位工资"、"工龄工资"。"基本工资"、"岗位工资"是按照所属"部门"来统一制订的；而"工龄工资"是按照"工龄"（未满 1 年工龄的不算工龄工资）来计算的。具体计算标准如下表所示。

项目	条件	结果
基本工资/岗位工资	如果部门为"办公室"	1500/1200
基本工资/岗位工资	如果部门为"财务室"	1800/1500
基本工资/岗位工资	如果部门为"客服部"	1200/800
基本工资/岗位工资	如果部门为"技术部"	1600/1000
工龄工资	如果工龄大于或等于 1 年且小于 2 年	100
工龄工资	如果工龄大于或等于 2 年且小于 3 年	200
工龄工资	如果工龄大于或等于 3 年且小于 5 年	500
工龄工资	如果工龄大于或等于 5 年	800

（3）计算"总工资"。"总工资"为"基本工资"、"岗位工资"、"工龄工资"、"浮动工资"、"奖金"之和。

（4）计算"实发工资"。"实发工资"为"总工资"减去"社保"和"水电费"。

（5）将"工资表.xlsx"另存为"工资表计算.xlsx"，并退出 Excel 2007。

（6）"基本工资"和"工龄工资"函数式如下图所示。

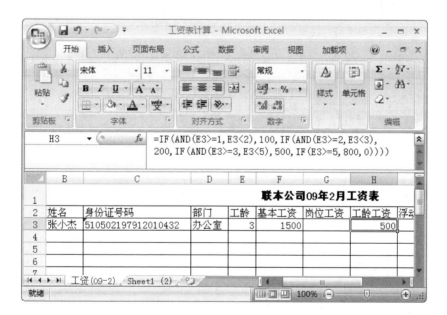

Chapter 07

工作表中数据的统计与分析

高手指引

小艳经过对 Excel 2007 的学习和使用，感觉 Excel 在表格数据计算方面确实比 Word 表格功能更强大，这时也明白了为什么上次主管要求在 Excel 中编辑表格的原因。今天，小艳要用 Excel 将最近几个月销售统计表中的数据进行统计与分析，找出数据间的关系，然后写成报告给上级主管。

 老李，Excel 2007 在表格数据计算方面确实有很强大的功能，但在数据统计与分析方面如何呢？

 小艳，Excel 在数据管理、统计与分析方面功能更强大呀！

 哦。麻烦你有时间教教我这方面的知识吧！今天我要用这些知识来完成一项任务。

 好的。其实学会了前面的基础知识后，掌握这些操作还是很快的。

 那太好了，快教教我吧！

 嗯。下面就让我们进入 Excel 2007 的数据统计与分析的学习。

Excel 2007 拥有强大的数据管理与分析功能。使用 Excel 2007 的排序、筛选、分类汇总和数据透视表，可以更加方便地统计分析表格中的数据。

学习要点

- ◆ 掌握在 Excel 2007 中排序表格数据的方法
- ◆ 熟悉在 Excel 2007 筛选数据的方法
- ◆ 掌握在 Excel 2007 中对数据进行分类汇总的方法
- ◆ 掌握 Excel 2007 中数据透视表的创建

基 础 入 门 ———— **必知必会知识**

7.1　排序表格数据

在实际工作中，建立的数据清单在输入数据时，一般是按照数据的输入顺序进行排列的，缺乏相应的条理性，不利于用户直接查找浏览所需的数据。为了使数据清单管理起来更加方便，可对数据清单中的数据进行排序。

7.1.1　表格排序规则

数据的排序是根据数据表格中的相关字段名，将数据表格中的记录按升序或降序的方式进行排列。

Excel 的排序分升序和降序两大类型，对于字母，升序是从 A 到 Z 排列；对于数字，升序是按数值从小到大排列的。Excel 升序使用如下表所示的规则排序。

符号	排序规则（升序）
数字	数字从最小的负数到最大的正数进行排序
字母	按字母先后顺序排序，在按字母先后顺序对文本项进行排序时，Excel 从左到右一个字符接一个字符地进行排序
文本以及包含数字的文本	0 1 2 3 4 5 6 7 8 9 （空格）! " # $ % & ( ) * , . / : ; ? @ [\ ] ^ _ ` {	} ~ + < = > A B C D E F G H I J K L M N O P Q R S T U V W X Y Z
逻辑值	在逻辑值中，FALSE 排在 TRUE 之前
错误值	所有错误值的优先级相同
空格	空格始终排在最后

高手点拨

在按降序排序时，除了空白单元格总是在最后外，其他的排序次序与升序相反。

7.1.2　快速排序

快速排序就是将数据表格按某一个关键字进行升序或降序排列。快速排序使用的是"数据"功能选项卡下"排序和筛选"功能组中的"升序"排序按钮或"降序"排序按钮。例如，对"工资表"中按关键字"实发工资"从高到低进行降序排列。具体操作方法如下。

光盘文件：

素材文件	光盘\素材文件\第 7 章\工资表（快速排序）.xlsx
结果文件	光盘\结果文件\第 7 章\工资表（快速排序）end.xlsx

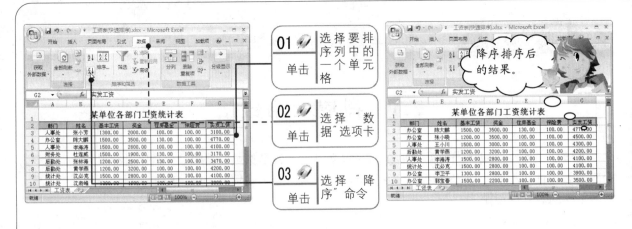

01 单击	选择要排序列中的一个单元格
02 单击	选择"数据"选项卡
03 单击	选择"降序"命令

降序排序后的结果。

高手点拨

　　通过排序快捷按钮进行快速排序时，只能选择排序关键字段一列中的任意一个单元格，而不能选择一列或一个区域。如果选择一个单元格区域，则会弹出对话框，询问用户是否扩展排序区域。如果不扩展排序区域，则排序后的表格记录顺序可能会混乱。

7.1.3　按多条件排序

　　在 Excel 2007 中，可以同时按多个关键字进行排序。多个关键字的排序即是指先按某一个关键字进行排序，然后将此关键字相同的记录下来，再按第二个关键字进行排序，以此类推。

　　例如，将下图中的"雇员表"先按主要关键字"部门"进行升序排列，然后再将部门相同的记录下来，再按次要关键字"姓名"进行降序排列。其操作方法如下。

光盘文件:

| 素材文件 | 光盘\素材文件\第 7 章\雇员表.xlsx |
| 结果文件 | 光盘\结果文件\第 7 章\雇员表 end.xlsx |

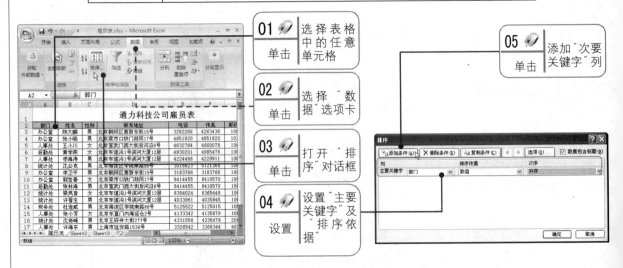

01 单击	选择表格中的任意单元格
02 单击	选择"数据"选项卡
03 单击	打开"排序"对话框
04 设置	设置"主要关键字"及"排序依据"
05 单击	添加"次要关键字"列

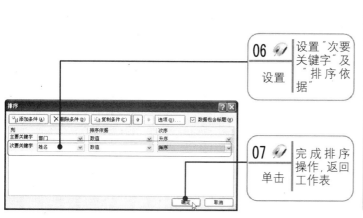

06 设置 设置"次要关键字"及"排序依据"

07 单击 完成排序操作,返回工作表

高手点拨

　　在 Excel 2007 中,用户可以设置最多 64 个排序关键字(Excel 2003 中最多可设置 3 个排序关键字)。在"排序"对话框中,单击"删除条件"按钮可以将添加的排序条件进行删除,单击"复制条件"按钮,可以复制一个与已有排序条件相同的条件。

7.2　筛选表格数据

　　筛选是查找和处理区域中数据子集的快捷方法。筛选区域仅显示满足条件的记录,与排序不同,筛选并不重排区域,而只是暂时隐藏不符合条件的行。

　　筛选数据之后,对于筛选过数据的子集,不需要重新排列或移动就可以复制、查找、编辑、设置格式、制作图表和打印。因此,筛选操作在数据表格的统计分析中经常用到。下面介绍在数据统计分析中常用的三种筛选方法。

7.2.1　自动筛选

　　在含有大量数据记录的数据列表中,利用"自动筛选"可以快速查找到符合条件的记录。通常情况下,使用自动筛选功能就可以完成基本的筛选需求。自动筛选根据筛选条件的多少,可以分为单条件自动筛选和多条件自动筛选。

1. 单条件自动筛选

　　在下图中的"某单位 1 月工资表"中,筛选出"基本工资"等于 1300 的相关记录。具体操作方法如下。

光盘文件:

素材文件	光盘\素材文件\第 7 章\1 月工资表.xlsx
结果文件	光盘\结果文件\第 7 章\1 月工资表 end.xlsx

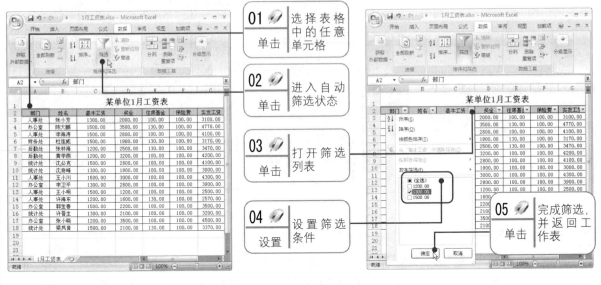

2. 多条件自动筛选

如果需要按多个条件筛选表格数据中的记录时，可以直接单击相关关键字右边的"筛选控制"按钮 ▼ ，然后选择筛选条件即可。

例如，在下图所示的"某单位员工登记表"中，筛选出"部门"为"办公室"，并且"性别"为"男"的相关记录。具体操作方法如下：

光盘文件：	
素材文件	光盘\素材文件\第 7 章\员工登记表.xlsx
结果文件	光盘\结果文件\第 7 章\员工登记表 end.xlsx

高手点拨

在 Excel 2007 中，通过"筛选控制"按钮 ▼ 进行多条件自动筛选时，各个筛选条件之间是同时满足的关系。

例如，上面设置的"部门"为"办公室"，"性别"为"男"这两个条件，表示要同时满足，也就是说，筛选出来的记录，既要"部门"为"办公室"，又要"性别"为"男"，这两个条件必须同时满足。

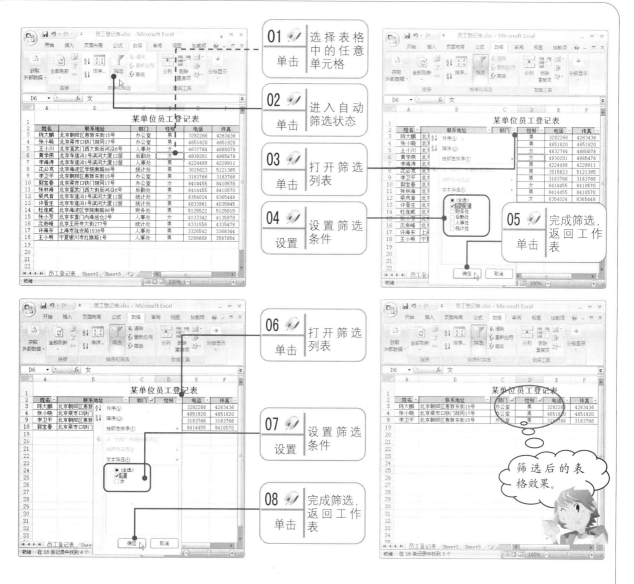

7.2.2 自定义筛选

自定义筛选是指按照要求定义筛选条件，此条件一般并不是单一的文本条件。自定义筛选在筛选数据时有很大的灵活性，可以进行比较复杂的筛选。

例如，在如下图所示的"某单位工资表"中，要求筛选出实发工资介于 3500 与 4500 之间的相关记录（即"3500≤实发工资≤4500"）。

此处按照前面介绍的方法，通过单击"数据"功能选项卡下的"排序和筛选"功能组中的"筛选"命令进入筛选状态，具体操作方法如下。

💿 **光盘文件：**

素材文件	光盘\素材文件\第 7 章\员工工资表.xlsx
结果文件	光盘\结果文件\第 7 章\员工工资表 end.xlsx

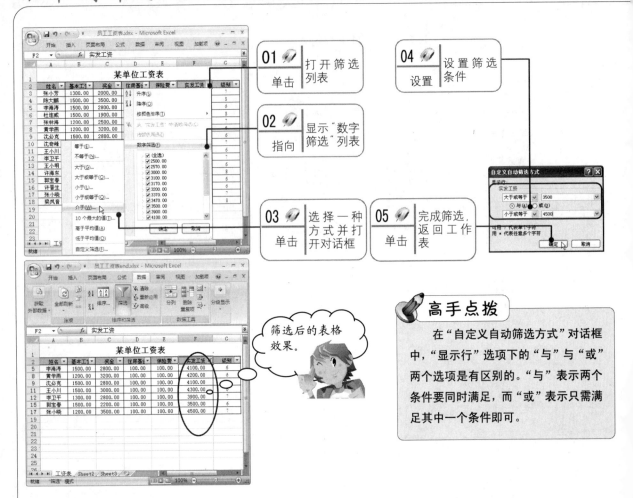

01 单击	打开筛选列表
02 指向	显示"数字筛选"列表
03 单击	选择一种方式并打开对话框
04 设置	设置筛选条件
05 单击	完成筛选，返回工作表

筛选后的表格效果。

高手点拨

在"自定义自动筛选方式"对话框中，"显示行"选项下的"与"与"或"两个选项是有区别的。"与"表示两个条件要同时满足，而"或"表示只需满足其中一个条件即可。

7.2.3　高级筛选

使用高级筛选可以通过复杂的条件来筛选单元格区域，且高级筛选显示"高级筛选"对话框，而不是"自动筛选"菜单。

"自动筛选"一般用于对表格数据记录的简单筛选操作。当需要筛选的数据列表中有多个关键字段，而且筛选的条件又比较复杂时，利用"高级筛选"就较方便。

进行高级筛选的关键是在工作表上的单独条件区域中键入高级条件。Excel 2007 将"高级筛选"对话框中的单独条件区域用作高级条件的源。

例如，在如下图所示的"某单位 2 月工资表"中，要求将筛选条件建立在以 B20 起始的单元格，筛选结果置于以 B22 为起始的单元格，筛选条件为"部门＝人事处"且"3000≤实发工资≤4500"的相关记录。具体操作方法如下。

💿 **光盘文件：**

素材文件	光盘\素材文件\第 7 章\2 月工资表.xlsx
结果文件	光盘\结果文件\第 7 章\2 月工资表 end.xlsx

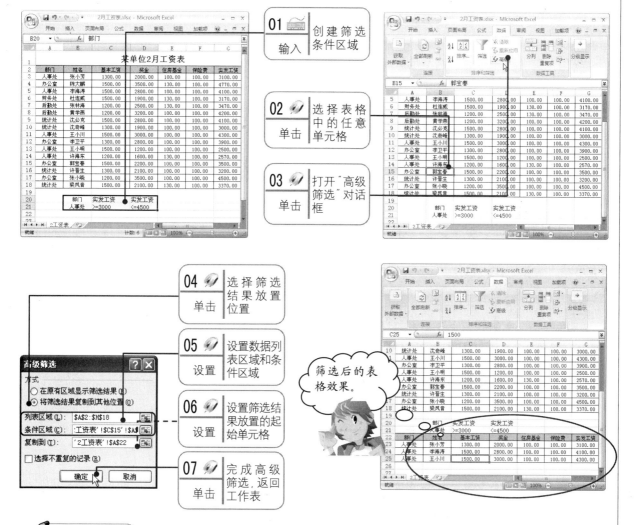

高手点拨

在 Excel 2007 中建立高级筛选的条件区域时，要注意以下几点：一是最好将条件区域建立在原始数据的上方或下方，且与原始数据之间至少留一个空白行；二是条件区域必须具有列标签，条件建立在列标签的正下方；三是如果条件之间是"与"的关系，应让条件处于同一行，如果条件之间是"或"的关系，则应让条件处于不同行。

7.3　分类汇总表格数据

在数据的分析处理过程中，分类汇总是一个使用频率较高而且实用的功能。分类汇总，就是将数据表格中的记录按某一关键字段进行相关选项的数据汇总，如求平均值、合计、最大值、最小值等。通过分类汇总可以对表格中不同逻辑组的数据进行归类，并提供进一步的数据总结和统计操作。

7.3.1 表格汇总要素

使用分类汇总操作时，并不是所有的数据表格都可以进行分类汇总。表格分类汇总的一般要素如下。

- 数据表格每个列在第一行都必须有标签，而且该区域没有空的行或列。
- 分类汇总的关键字段一般是文本字段，并且该字段中具有多个相同字段名的记录，如"部门"字段中就有多个部门为生产、销售、设计的记录。
- 在对表格进行分类汇总操作之前，必须先将表格按分类汇总的字段进行排序。排序的目的就是将相同字段类型的记录排列在一起。
- 在对表格进行分类汇总时，汇总的关键字段要与排序的关键字段一致。
- 在"选定汇总项"时，一般选择数值字段，如"基本工资"、"实发工资"等。

7.3.2 汇总表格数据

下面举一个实例介绍"分类汇总"的具体使用。例如，对下图所示的"某单位工资统计表"按"部门"类别分类汇总"基本工资"和"实发工资"的合计值。

光盘文件：	
素材文件	光盘\素材文件\第7章\工人工资表.xlsx
结果文件	光盘\结果文件\第7章\工人工资表 end.xlsx

1. 排序表格

在执行分类汇总之前，首先将表格按"部门"进行排序，目的是将相同部门的员工记录排列在一起，以方便分类汇总操作。具体操作方法如下。

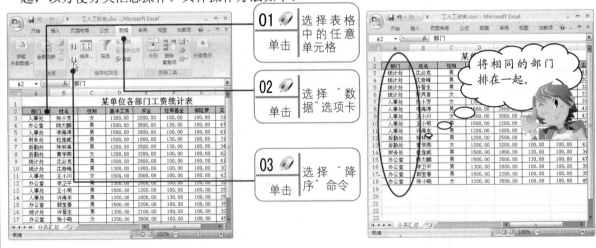

高手点拨

对表格数据排序，只要定位好分类字段，无论是升序还是降序都是一样的。

2. 汇总表格

表格按"部门"进行排序后，再进行分类汇总。具体操作方法如下。

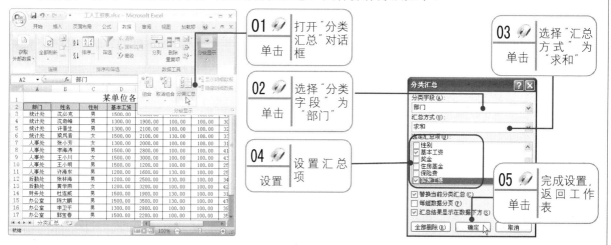

分类汇总后的表格效果。

高手点拨

　　执行"分类汇总"操作后，表格的显示方式发生了明显的变化，在每个排序类的下方，汇总出了该类汇总项的汇总值；而且，在表格的左上侧，用户可以看到有三个级别标志：1、2、3，这其实是分类汇总后的显示级别控制，通过这三个级别控制，可以按级别进行显示，默认显示的是第3级别。

7.3.3　多级嵌套汇总数据

　　所谓多级嵌套分类汇总，就是对表格数据的多个字段进行汇总。既然要进行多个字段的汇总，那么在汇总之前，也应该先对这些字段进行排序。

　　嵌套分类汇总的排序应按照从外到内的顺序进行，即按主要关键字和第二关键字来进行。

　　例如，对下图的"某单位各部门工资统计表"先按"部门"类别，再按"性别"类别分类汇总"基本工资"和"实发工资"的合计值。具体操作方法如下。

💿 **光盘文件：**	
素材文件	光盘\素材文件\第 7 章\工人工资表 2.xlsx
结果文件	光盘\结果文件\第 7 章\工人工资表 2end.xlsx

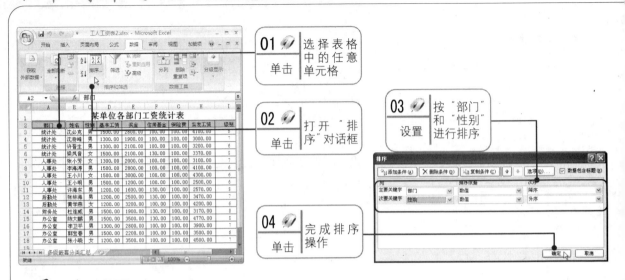

高手点拨

此处的两次排序，不能简单地使用"排序和筛选"功能组中的"升序" 按钮或"降序" 按钮，因为使用这两个按钮只会以最后一次排序为准，而不会参照第一次排序。

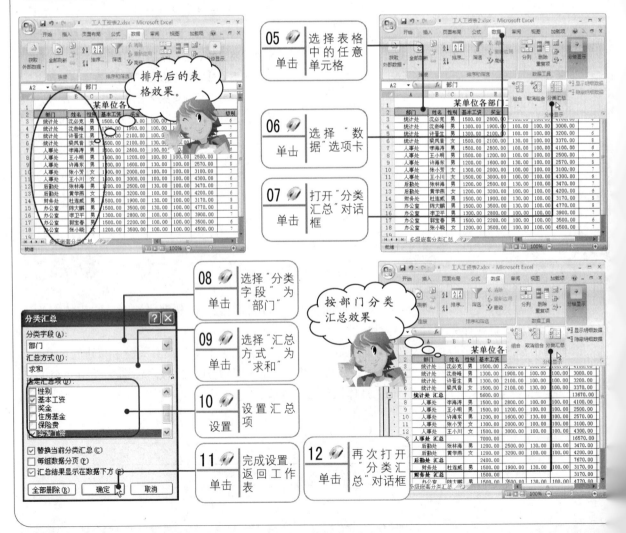

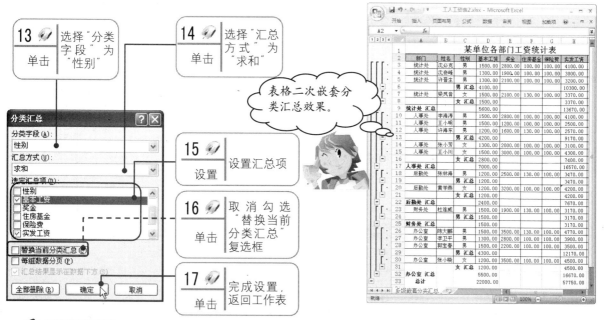

13 单击	选择"分类字段"为"性别"
14 单击	选择"汇总方式"为"求和"
15 设置	设置汇总项
16 单击	取消勾选"替换当前分类汇总"复选框
17 单击	完成设置，返回工作表

表格二次嵌套分类汇总效果。

高手点拨

在进行第二次分类汇总时，在"分类汇总"对话框中非常重要的一点就是一定不能勾选"替换当前分类汇总"复选框，否则永远只能进行一次分类汇总。如果单击"分类汇总"对话框中的"全部删除"按钮，则会删除分类汇总效果，从而恢复原始数据。

7.4　透视表分析数据

数据透视表是交互式报表，可快速合并和比较大量数据。在数据透视表中，用户可旋转其行和列以看到源数据的不同汇总，而且还可以只显示感兴趣区域的明细数据。

如果在数据表中要分析相关的汇总值，尤其是在要合计较大的列表并对每个数字进行多种比较时，可以使用数据透视表。

7.4.1　创建透视表

可以利用现有的 Excel 数据创建数据透视表，也可以利用外部数据创建数据透视表。本书以前者为例。如下图所示的"产品销售表"中，将"季度"字段添加到"报表筛选"区域、"地区"字段添加到"行标签"区域、"产品"添加到"列标签"区域、"销售额"添加到"数值"区域。具体操作方法如下。

光盘文件：

| 素材文件 | 光盘\素材文件\第 7 章\产品销售表.xlsx |
| 结果文件 | 光盘\结果文件\第 7 章\产品销售表 end.xlsx |

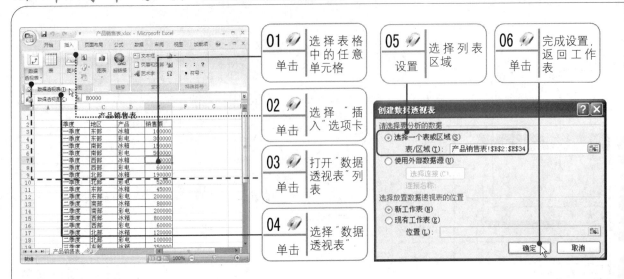

01 单击 选择表格中的任意单元格

02 单击 选择"插入"选项卡

03 单击 打开"数据透视表"列表

04 单击 选择"数据透视表"

05 设置 选择列表区域

06 单击 完成设置，返回工作表

高手点拨

在"创建数据透视表"对话框中，可以选择数据透视表的位置，如果选中"现有工作表"单选按钮，就会激活"位置"文本框。在"位置"文本框中，可单击工作表上的任意单元格来定位数据透视表的起始单元格。

07 拖动 按住鼠标左键拖动字段到下方

08 释放 释放鼠标左键，将字段放置到此处

高手点拨

创建数据透视表，需要将"数据透视表字段列表"对话框中的字段名拖到下方的相应拖放框。如果将字段拖离拖放框，则会删除字段。

7.4.2　查看透视表

对于已经创建好的透视表，用户可以根据需要显示或隐藏字段中的项和显示明细数据。

1. 显示或隐藏字段中的项

　　显示或隐藏字段中的项，可以通过单击字段右侧的下三角按钮 ▼，然后勾选要显示项的复选框，并取消勾选要隐藏项的复选框即可。

　　例如，在下图的"数据透视表"中，只显示列字段中的"彩电"项。具体操作方法如下。

💿 光盘文件：	
素材文件	光盘\素材文件\第 7 章\数据透视表.xlsx
结果文件	光盘\结果文件\第 7 章\数据透视表 end.xlsx

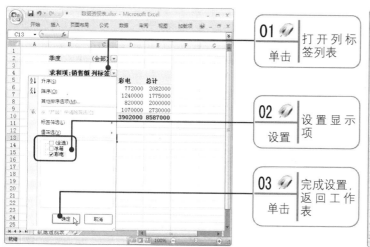

01 单击　打开列标签列表

02 设置　设置显示项

03 单击　完成设置，返回工作表

只显示"彩电"项数据透视表效果。

📌 高手点拨

　　字段侧边的下三角按钮与前面学习过的自动筛选按钮作用是一样的，用户可参照自动筛选按钮进行更多的操作。

2. 显示明细数据

显示明细数据包括显示项目的明细数据和显示单元格的明细数据。

（1）显示项目的明细数据

例如，在如下图所示的"数据透视表"中，显示行字段的"产品"明细数据。具体操作方法如下。

💿 光盘文件：	
素材文件	光盘\素材文件\第 7 章\数据透视表.xlsx
结果文件	光盘\结果文件\第 7 章\数据透视表项目明细 end.xlsx

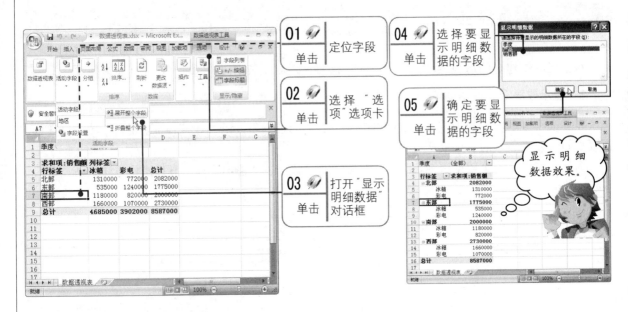

（2）显示单元格的明细数据

显示单元格的明细数据，只需双击单元格即可。例如，在如下图所示的"数据透视表"中，显示"东部"、"冰箱"的明细数据。具体操作方法如下。

光盘文件：

素材文件	光盘\素材文件\第 7 章\数据透视表.xlsx
结果文件	光盘\结果文件\第 7 章\数据透视表单元格明细 end.xlsx

进阶提高 —— 技能拓展内容

通过前面基础入门知识的学习，相信初学者对 Excel 表格数据的排序、筛选、分类汇总和透视表分析数据有所认识了。为了进一步提高使用软件的操作技能，下面介绍与本章内容相关的一些高级操作技巧。

技巧 01： 只对选择区域进行排序

Excel 在排序时，默认情况下会对整个连续的数据区域进行排序，从而重新分布数据对应的行。如果只想对指定的区域数据进行排序，而不想重新分布所属行的数据时，具体操作方法如下。

光盘文件：

素材文件	光盘\素材文件\第 7 章\产品数量统计表.xlsx
结果文件	光盘\结果文件\第 7 章\产品数量统计表 end.xlsx

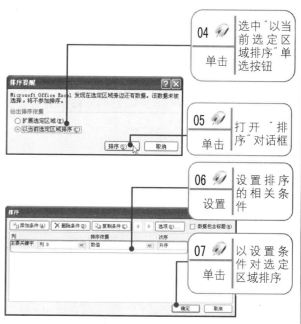

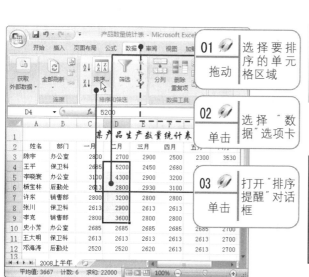

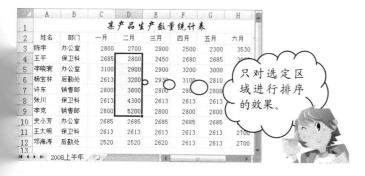

只对选定区域进行排序的效果。

高手点拨

对选定区域的数据进行排序会影响工作表中相关记录数据的顺序，因此排序前最好对工作表数据做好备份。

技巧 02： 设置按行排序

Excel 2007 默认情况排序操作都是针对列进行的，但是，也可以针对行进行排序。设置按行排序的操作方法如下。

01　选择"数据"选项卡，在"排序和筛选"功能组中单击"排序"按钮打开"排序"对话框，然后按以下图示步骤进行操作。

技巧03：　按自定义序列排序

在管理与分析表格中的数据时，如果需要将表格中的数据按指定字段序列进行排序，则可进行自定义序列排序。

例如，在下图所示的"雇员表"中，将员工记录按关键字"部门"中的"人事处"、"财务处"、"统计处"、"后勤处"、"办公室"这种序列方式进行排序。

光盘文件：

素材文件	光盘\素材文件\第7章\雇员表.xlsx
结果文件	光盘\结果文件\第7章\雇员表（自定义排序）end.xlsx

具体操作方法如下。

01 单击 Office 按钮，在主菜单中单击"Excel 选项"按钮，打开"Excel 选项"对话框，然后按以下图示步骤进行操作。

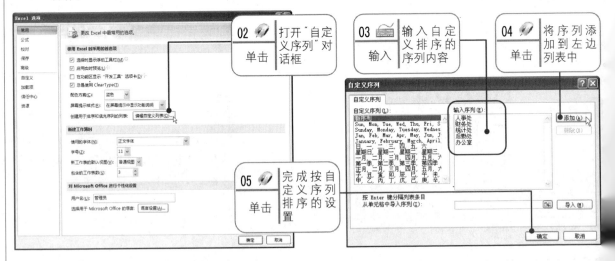

高手点拨

在输入自定义序列时，每个列表条目之间用英文状态下的逗号进行分隔，也可以输入一个列表条目后，按 Enter 键进行分隔。

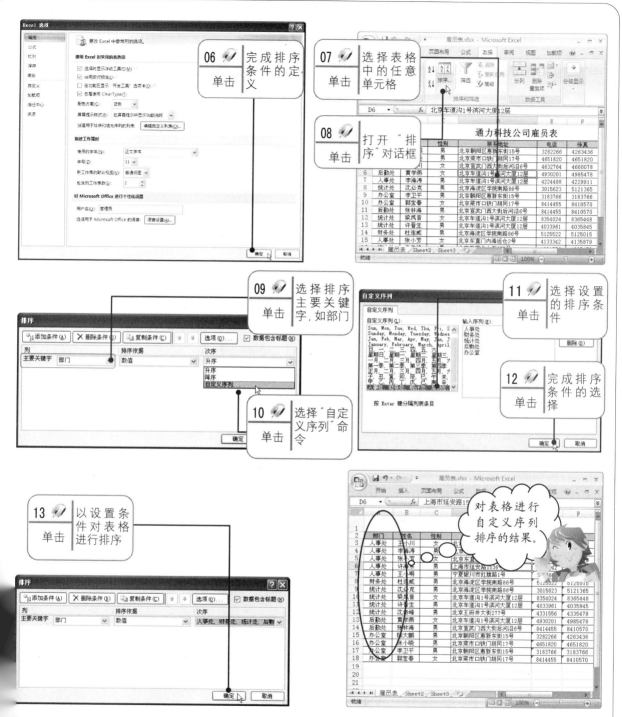

技巧 04：　将多次操作后的记录顺序还原到初始顺序

在经过反复排序操作后，记录单的顺序会变乱。要快速还原到初始顺序，仅仅通过撤销命令显然是不恰当的，这时可以考虑增强列的方法来辅助操作，具体方法如下。

在对表格操作之前，在数据表的最左端增加一列，输入任意字段名，在字段名下方依次输入数字序号或编号（1，2，3，…），无论以后对数据表进行了何种排序操作，只要希望表格记录还原到初始排列状态，就可将表格按这一列进行升序排序即可。

技巧 05：　按文本条件进行筛选

针对不同的数据类型列，自动筛选提供了不同的条件筛选，如文本列有文本条件筛选，数字列有数字条件筛选，而日期列则有日期条件筛选。

光盘文件：

素材文件	光盘\素材文件\第 7 章\员工登记表.xlsx
结果文件	光盘\结果文件\第 7 章\员工登记表 end.xlsx

例如，在"员工登记表.xlsx"工作簿中，要求筛选出姓名以"王"和"张"字开头的相关员工记录，具体操作方法如下。

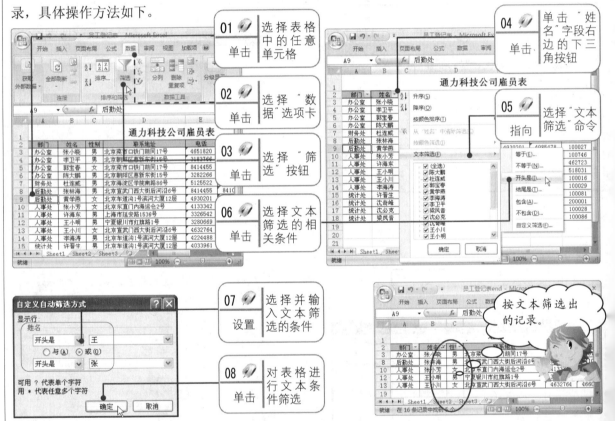

01 单击	选择表格中的任意单元格
02 单击	选择"数据"选项卡
03 单击	选择"筛选"按钮
04 单击	单击"姓名"字段右边的下三角按钮
05 指向	选择"文本筛选"命令
06 单击	选择文本筛选的相关条件
07 设置	选择并输入文本筛选的条件
08 单击	对表格进行文本条件筛选

按文本筛选出的记录。

技巧 06：　按数字条件进行筛选

同样，对表格中的记录还可以使用数字条件进行筛选。例如，在"员工工资登记表.xlsx"中筛选出"900≤基本工资≤1200"的员工记录，具体操作方法如下。

光盘文件：

素材文件	光盘\素材文件\第 7 章\员工工资登记表.xlsx
结果文件	光盘\结果文件\第 7 章\员工工资登记表 end.xlsx

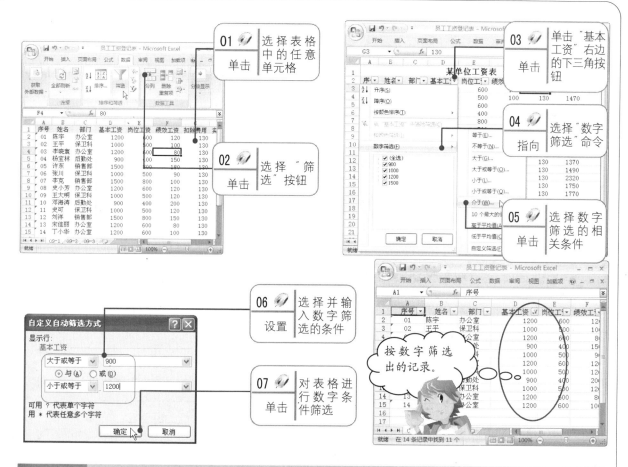

技巧07：　按日期条件进行筛选

　　在 Excel 2007 中，如果表格中有日期数据，那么对表格还可以通过日期条件进行筛选。例如，在"职员档案表.xlsx"工作簿中，筛选出"出生日期"在"1980 年 2 月"之后的员工记录，具体操作方法如下。

 光盘文件：

素材文件	光盘\素材文件\第 7 章\职员档案表.xlsx
结果文件	光盘\结果文件\第 7 章\职员档案表（日期筛选）end.xlsx

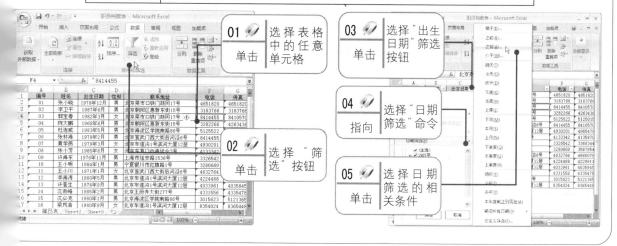

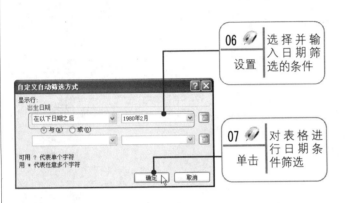

技巧 08： 在筛选中对表格进行排序整理

在对表格内容进行筛选分析后，还可以将表格按筛选字段进行升序或降序排列。例如，在"筛选排序.xlsx"工作簿中，按基本工资进行降序排序，具体操作方法如下。

🔘 光盘文件：

素材文件	光盘\素材文件\第 7 章\筛选排序.xlsx
结果文件	光盘\结果文件\第 7 章\筛选排序 end.xlsx

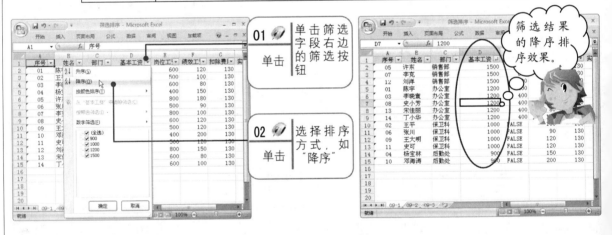

技巧 09： 建立高级筛选条件的注意事项

如果要通过复杂的条件来筛选记录，则要使用高级筛选。使用高级筛选首先必须建立筛选条件，在建立筛选条件时要注意以下几点。

（1）条件区域最好建立在数据表的上方或下方，而且与数据之间至少留一个空白行；

（2）条件区域必须在有列标签，如果是直接在数据字段上进行筛选，那么列标签必须与数据字段一致；

（3）在列标签下面的行中键入所要匹配的条件。

技巧 10：　建立两列上具有两组条件之一的条件

要找到满足两组条件（每一组条件都包含针对多列的条件）之一的记录，操作方法如下。

在条件区域列标签下的各行中输入条件。例如，要筛选"部门"为"办公室"并且"基本工资"中值大于 800 的记录，同时也显示"部门"为"人事处"并且"基本工资"中值大于 600 的记录。操作如右图所示。

技巧 11：　建立一列有两组以上条件的条件

要在一列中找到满足两组以上条件的记录，操作方法如下。

用相同的列标签包括多列。例如，要筛选"基本工资"中值介于 800 和 2000 之间以及少于 500 的记录，操作如右图所示。

技巧 12：　将公式计算结果作为筛选条件

在使用高级筛选时，还可以将公式的计算结果作为筛选条件使用。具体操作方法如下。

不要将列标签作为条件标签使用，应该将条件标签设置为空，或者使用区域中的非列标签。例如，筛选"基本工资"中大于平均基本工资的所有记录，基本工资在 D6～D22 中，操作如右图所示。

技巧 13：　将分类汇总数据进行自动分页

当需要将分类汇总后的每组数据进行分页打印操作时，则可通过设置分页汇总来实现。具体操作方法如下。

01 选择汇总表格中的任意一个单元格，再选择"数据"选项卡，单击"分级显示"组中的"分类汇总"按钮，打开"分类汇总"对话框，然后按以下图示步骤进行操作。

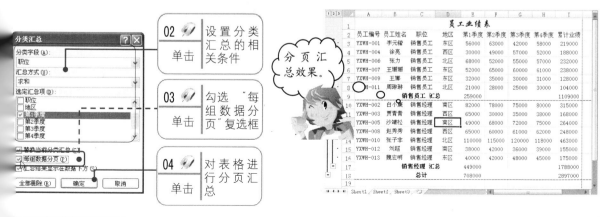

高手点拨

当勾选"每组数据分页"复选框后，则分类汇总后的每组数据前就会自动插入"分页符"进行强制分页。用户可以单击 Office 主菜单，选择"打印"菜单中的"打印预览"命令，查看分页汇总的打印效果。

过 关 练 习 —— **自我测试与实践**

通过前面内容的学习，按要求完成以下过关练习题。

（1）打开前面创建的"工资表计算.xlst"文件。

（2）将表格按"实发工资"字段进行"降序"排列，以便查看"实发工资"最高与最低的员工。

（3）筛选出"部门=办公室"的员工记录，并将筛选出来的记录复制到工作表 Sheet1 (2)中。

（4）在"工资(09-2)"中退出表格筛选状态，然后按"职称"字段对表格进行分类汇总，要求计算出同职称级别员工的"基本工资"平均值和"奖金"的和值。

（5）对"部门、工龄、基本工资、岗位工资、工龄工资"列创建数据透视表，列字段为"部门"，行字段为"工龄"，数据项为"基本工资、岗位工资、工龄工资"。

Chapter 08

应用统计图表与打印表格

高手指引

　　小艳的领导看了小艳做的分析表格后，对小艳的工作还是很满意的。不过，领导对她提出了一个要求，表格中的数据太多，有时也零乱，能否使用一个直观的图表来反映表格中的数据状态及趋势。小艳听了后心里没底，但还是硬着头皮接受了领导的要求。回到自己的办公室后，她直接向同事老李进行了请教。

 老李，领导看了我做的分析表格后，感觉很满意，可他说最好创建一个图表给他，这样既直观又形象，怎么办呢？

 不用着急。在 Excel 2007 中不是有强大的统计图表功能吗？

 具体如何结合数据表格进行创建和分析呢？

 来吧，刚好我有时间，教教你有关统计图表的应用吧！

 我总是麻烦你，太感谢啦！

　　Excel 2007 拥有强大的图表分析数据的功能。使用图表来统计与分析数据，可以更直观、更形象地查看表格中相应记录的情况，以及表格中的数据趋势和状态。

学习要点

- ◆ 熟悉 Excel 2007 的图表类型
- ◆ 掌握 Excel 2007 的图表创建
- ◆ 掌握 Excel 2007 图表的编辑与修改
- ◆ 掌握在 Excel 2007 中打印图表与表格的方法

基础入门 —— 必知必会知识

8.1 创建统计图表

图表有较好的视觉效果，使用图表可方便用户查看数据的差异、预测趋势等。在 Excel 2007 中，用户可以很轻松地创建具有专业外观的图表。

8.1.1 图表的种类

Excel 2007 支持各种类型的图表，用户可以根据数据间的关系来选择自己所需的图表类型。Excel 2007 中的图表类型主要包括柱形图、折线图、饼图、条形图、面积图、XY 散点图、股价图、曲面图、圆环图、气泡图和雷达图，下面分别加以介绍。

1. 柱形图

以右图所示的"联创电脑销量统计表"为例，如果直接在表格数据区域查看并分析比较有关销售量，就不直观，不容易把握数据间的变化和比较关系。

但是，如果将表格中的相关数据生成如右图所示的柱形图，就可直观地显示数据变化与各项之间的比较情况。在柱形图中，通常沿水平轴组织类别，而沿垂直轴组织数值。

2. 折线图

如果联创电脑公司积累了在 2007 年和 2008 年里各季度的销售额，则为了预测未来一段时间内销售额的可能变化状态，就可以使用如右图所示的折线图来反映。折线图可以显示随时间（根据常用比例设置）而变化的连续数据，因此非常适用于显示在相等时间间隔下数据的趋势。在折线图中，类别数据沿水平轴均匀分布，所有值数据沿垂直轴均匀分布。

3. 饼图

　　某餐厅统计了一个星期中各类午餐食品的销售额，现需统计各类食品的比例关系，以方便下个星期的食品准备。如果仅仅通过数据表来看，显然不易办到。为此，可以使用如右图所示的饼图来快速而直观地查看数据间比例分配关系的差异。饼图显示一个数据系列中各项的大小与各项总和的比例，饼图中的数据点显示为整个饼图的百分比。

4. 条形图

　　条形图显示各个项目之间的比较情况。如右图所示的条形图显示了各地区销售数量多少的直观比较。

5. 面积图

　　面积图可强调数量随时间而变化的程度，也可用于引起人们对总值趋势的注意。如右图所示为各地区销售额的面积图。

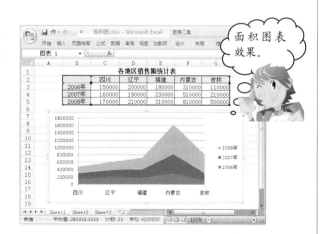

6. XY 散点图

散点图显示若干数据系列中各数值之间的关系，或者将两组数绘制为XY坐标的一个系列。

散点图有两个数值轴，沿水平轴（X轴）方向显示一组数值数据，沿垂直轴（Y轴）方向显示另一组数值数据。散点图将这些数值合并到单一数据点，并以不均匀间隔或簇显示它们。散点图通常用于显示和比较数值，例如科学数据、统计数据和工程数据。

要在工作表上排列使用散点图的数据，应将X值放在一行或一列，然后在相邻的行或列中输入对应的Y值。如右图所示为一家公司一年预期销售数量与实际销售数量数据绘制成的XY散点图。

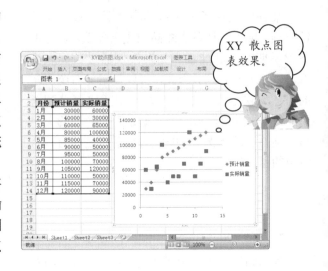

XY 散点图表效果。

7. 股价图

顾名思义，股价图经常用来显示股价的波动。除此之外，这种图表也可用于科学数据。例如，可以使用股价图来显示每天或每年温度的波动。

要创建股价图必须按正确的顺序组织数据。股价图数据在工作表中的组织方式非常重要。如右图所示，要创建一个简单的盘高-盘低-收盘股价图，则应根据盘高、盘低和收盘次序输入的列标题来排列数据。

股价图表效果。

8. 曲面图

当类别和数据系列都是数值时，可以使用曲面图。使用曲面图可以找到两组数据之间的最佳组合。曲面图就像地形图一样，颜色和图案表示具有相同数值范围的区域。

如右图所示为温度与时间持续对应的张力曲面图。

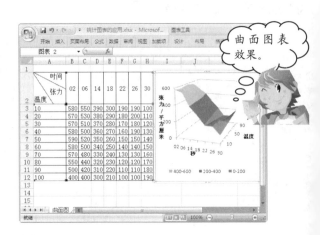

曲面图表效果。

9. 圆环图

像饼图一样，圆环图显示各个部分与整体之间的关系。但是圆环图可以包含多个数据系列，而饼图只能包含一个数据系列。

如右图所示为某公司各种产品在各地的销量百分比圆环图。圆环图从内至外依次展示的是对应字段的数据与该行记录数据之和的百分比。例如，最内环的 20%、25%、20% 和 35% 表示的是台式电脑中浙江、四川、上海和北京销量的百分比。

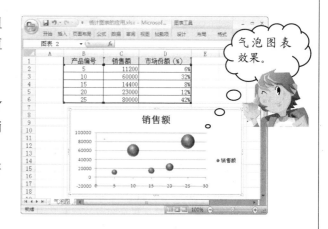

圆环图表效果。

10. 气泡图

气泡图与 XY 散点图类似，但是它们对成组的三个数值而非两个数值进行比较。第三个数值确定气泡数据点的大小。

制作气泡图的数据要按照特定的方式组织，如第一列中列出 X 值，在相邻列中列出相应的 Y 值和气泡大小的值。如右图所示为种类产品的销售额及市场份额统计图表，数据轴显示销售额，分类轴显示产品编号，而气泡位置对应了销售额，气泡大小对应了市场份额。

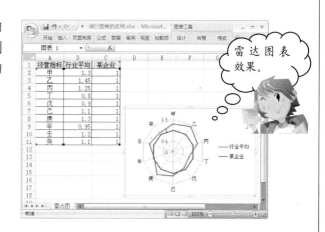

气泡图表效果。

11. 雷达图

雷达图可以比较若干数据系列的聚合值。如右图所示为某企业的经营指标与行业指标绘制的雷达图，通过该图可以比较出企业与行业平均的经营指标之间的差异。

雷达图表效果。

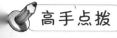 **高手点拨**

以上介绍了各类图表，在创建图表时并不一定单独使用，还可以将两种图表类型进行组合。

8.1.2 图表的组成

图表包括一系列组成部分，认识图表的组成是编辑图表的前提。图表一般包括如下图所示的组成部分：图表区、图表标题、绘图区、数据系列、图例、分类轴（名称）X、数据轴（名称）Y 和网格线。

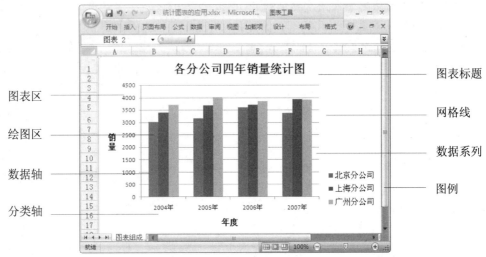

图表组成及其作用如下表所示。

图表组成对象	用途
图表区	表格数据的成图区，包含所有图表对象
图表标题	按管理目标显示图表的标题名称
绘图区	用于显示数据关系的图形信息，是图表的主体区
数据轴	显示 Y 轴的名称及纵坐标中数据的大小值
分类轴	显示 X 轴的名称及横坐标中数据的分类情况
网格线	辅助查看图形数据的数值
数据系列	按表格数据生成系列图形块，每一系列自动分配唯一的系列图块颜色，用以标识相关数据组，并与图例颜色匹配
图例	说明图表数据系列中不同数据的标识颜色和名称

8.1.3 图表的创建

创建图表首先要根据数据的特点决定采用哪种图表类型，然后按照下面介绍的方法进行操作。例如，为下表所示的"四年销售统计表"创建簇状柱形图。

💿 光盘文件：

素材文件	光盘\素材文件\第 8 章\四年销售统计表 .xlsx
结果文件	光盘\结果文件\第 8 章\四年销售统计表 end.xlsx

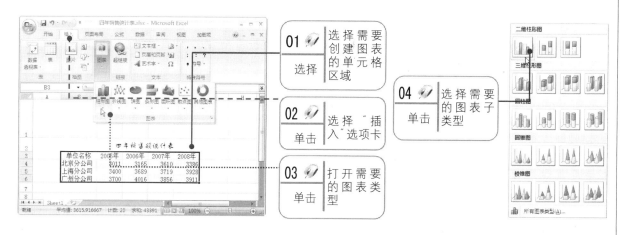

8.2　编辑与修改统计图表

对于创建出来的图表，有时并不一定就能达到要求。为此，用户可以根据自己的需要对图表进行编辑与修改，主要包括自动与调整图表、更改图表类型、重设图表位置、修改图表的数据源、添加图表标题、设置图例格式和美化图表格式。

8.2.1　移动与调整图表

此处所说的移动图表是指，在同一个工作表中，将图表从一个位置挪到另一个位置；调整图表是指改变图表的大小。

1. 移动图表

例如，将下图所示的"销量统计图"从右下角移动到左上角，具体操作方法如下。

💿 光盘文件：	
素材文件	光盘\素材文件\第8章\销售统计图.xlsx
结果文件	光盘\结果文件\第8章\销售统计图 end.xlsx

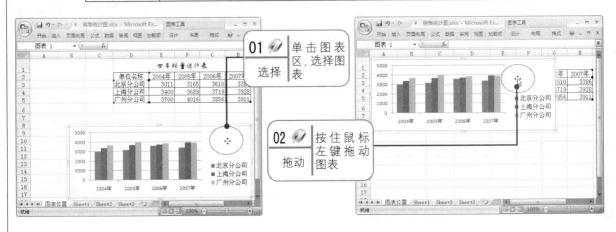

高手点拨

　　按住鼠标左键拖动图表区域到目标位置后，如果按住 Ctrl 键后再松开鼠标左键，则可以实现图表的复制操作。

2. 调整图表大小

调整图表大小的具体操作方法如下。

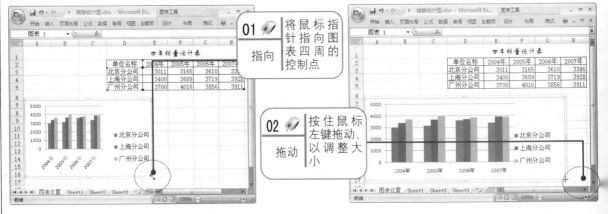

高手点拨

　　单击图表区后，在图表的四周会出现八个控制柄。按住鼠标左键拖动四边的控制柄，只能朝一个方向改变图表的长度或宽度；而按住鼠标左键拖动四个角的控制柄，则可以同时改变图表的长度和宽度。

8.2.2　更改图表类型

对于大多数二维图表来说，可以更改整个图表的类型。

例如，将下图所示的"四年销售统计图"修改为带数据标记的折线图。具体操作方法如下。

🔘 **光盘文件:**

素材文件	光盘\素材文件\第 8 章\四年销售统计图.xlsx
结果文件	光盘\结果文件\第 8 章\四年销售统计图 end.xlsx

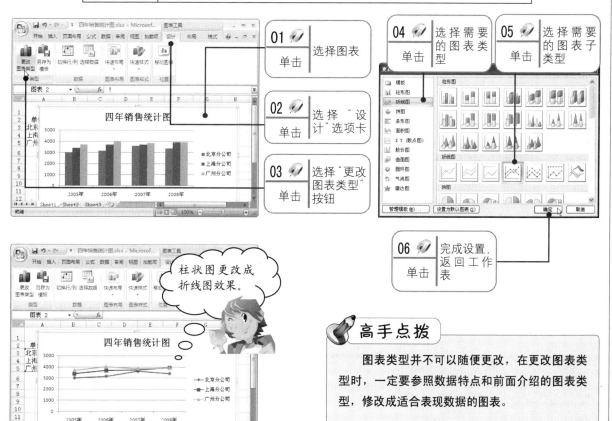

01	选择图表
单击	

02	选择"设计"选项卡
单击	

03	选择"更改图表类型"按钮
单击	

04	选择需要的图表类型
单击	

05	选择需要的图表子类型
单击	

06	完成设置，返回工作表
单击	

柱状图更改成折线图效果。

✒️ **高手点拨**

图表类型并不可以随便更改，在更改图表类型时，一定要参照数据特点和前面介绍的图表类型，修改成适合表现数据的图表。

8.2.3　重设图表位置

默认情况下，创建的图表位置总是位于当前工作表中。用户也可以根据实际需要重新设置图表的位置。例如，将下图所示的"统计图"中的图表从"图表位置"表中移动到 Sheet1 工作表中，操作方法如下。

🔘 **光盘文件:**

素材文件	光盘\素材文件\第 8 章\统计图.xlsx
结果文件	光盘\结果文件\第 8 章\统计图 end.xlsx

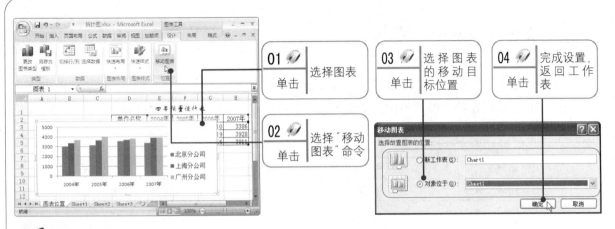

高手点拨

　　在"移动图表"对话框中，如果选中"新工作表"单选按钮，就可将选择的图表移动到一个新的工作表中，且图表单独占据整张工作表。

8.2.4 修改图表的数据源

　　图表是根据选择的数据区域产生的，选择的数据区域称为数据源。图表创建完成后，也可以修改它的数据源（包括添加数据、编辑数据和删除数据），从而来控制图表表现的数据。

　　例如，将"分公司销售统计图"图表中的"广州分公司"数据删除，具体操作方法如下。

光盘文件：

素材文件	光盘\素材文件\第8章\分公司销售统计图.xlsx
结果文件	光盘\结果文件\第8章\分公司销售统计图 end.xlsx

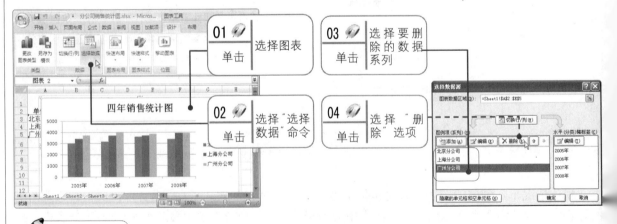

高手点拨

　　"选择数据源"对话框的使用：在"图表数据区域"文本框中，用户可以选择工作表上的区域；通过"切换行/列"按钮，可以切换工作表中的行或列在图表中绘制的数据系列；"添加"选项可在图表中添加新的数据系列；"编辑"选项可更改"图例项（系列）"框中选择的数据系列。

8.2.5 添加图表标题

创建图表时，默认情况下并不生成图表标题。用户可以根据自己的需要，为图表添加上标题。例如，在"电脑销量统计图"中，为图表加上"电脑销量统计图"标题，具体操作方法如下。

光盘文件：

素材文件	光盘\素材文件\第8章\电脑销量统计图.xlsx
结果文件	光盘\结果文件\第8章\电脑销量统计图 end.xlsx

高手点拨

选择图表后，在"布局"选项卡下的"标签"功能组中，不但可以为图表添加标题，还可以通过"坐标轴标题"选项为数据轴和分类轴分别添加标题内容，从而使图表更容易看懂。

8.2.6 设置图例格式

图例就是图表上的一个方框，用于标识为图表中的数据系列或分类指定的图案或颜色。设置图例格式的具体操作方法如下。

光盘文件：

素材文件	光盘\素材文件\第 8 章\面积图.xlsx
结果文件	光盘\结果文件\第 8 章\面积图 end.xlsx

01 单击 选择图表

02 单击 打开"图例"列表

03 单击 选择图例位置及样式

图例位置改变。

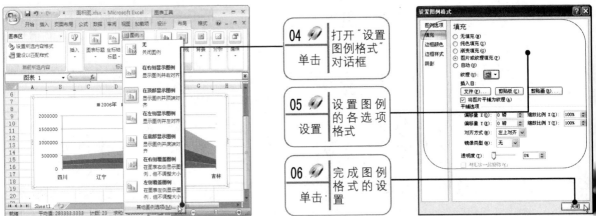

04 单击 打开"设置图例格式"对话框

05 设置 设置图例的各选项格式

06 单击 完成图例格式的设置

8.2.7 美化图表格式

Excel 2007 内置了大量的图表样式，通过选择图表样式，可以方便而快速地美化图表，从而使图表更具有专业外观。通过图表样式来美化图表格式的操作方法如下。

光盘文件：

素材文件	光盘\素材文件\第 8 章\图表美化.xlsx
结果文件	光盘\结果文件\第 8 章\图表美化 end.xlsx

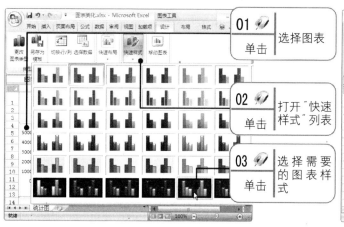

01 单击　选择图表

02 单击　打开"快速样式"列表

03 单击　选择需要的图表样式

图表样式效果。

高手点拨

　　"快速样式"列表中的图表样式可以统一修改图表格式，包括图表类型、图表区背景、绘图区背景、数据轴格式、分类轴格式、图例格式等，从而让图表更加专业。

8.3　打印图表与表格

　　创建出来的表格或图表，往往都需要将其打印出来，以供用户存档或查看。在 Excel 中打印相比 Word 来说，要复杂一些。

　　在 Excel 2007 中，图表与数据表是可以分开打印的。如果要将图表快速单独打印到一张纸上，而且只打印图表，不打印工作表上的其他内容，其操作方法如下。

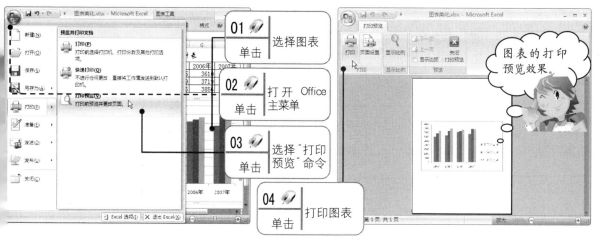

01 单击　选择图表

02 单击　打开 Office 主菜单

03 单击　选择"打印预览"命令

04 单击　打印图表

图表的打印预览效果。

8.3.2 打印数据表格

在 Excel 2007 中打印数据表格分两种方式，快速打印和先进行打印设置然后再打印。下面就具体介绍这两种打印方式。

 光盘文件：

素材文件	光盘\素材文件\第 8 章\报价单.xlsx

1. 快速打印数据表格

快速打印数据表格，即将数据表格直接发送到联机的打印机，而不需要进行打印设置，具体操作方法如下。

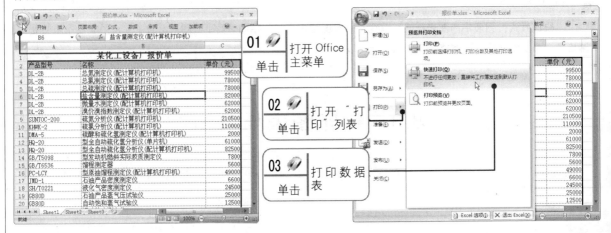

2. 选择打印数据表格

此处的选择打印，是指在打印前进行一些打印选择。例如，只打印文档的 1~3 页，且打印 2 份等。具体操作方法如下。

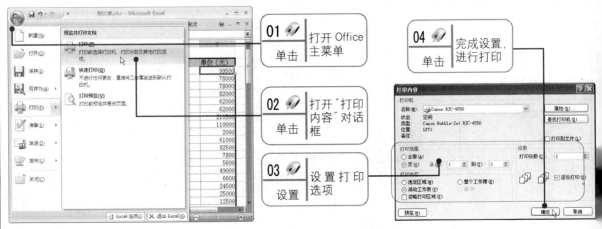

进阶提高 ——— 技能拓展内容

通过前面基础入门知识的学习，相信初学者已经掌握好在 Excel 2007 中制作图表、编辑图表的相关基础知识。为了进一步提高使用软件的操作技能，下面介绍与本章内容相关的一些操作技巧。

技巧 01： 创建数据源不连续的图表

创建图表时，用户也可以根据实际需要创建不连续数据源的图表。在创建数据源不连续的图表之前，应该按下 Ctrl 键选择不连续的数据源，然后再按照前面介绍创建图表的方法进行操作即可。

技巧 02： 修改与设置图表数值轴的刻度值

创建好的图表，用户可以根据需要修改与设置图表数值轴的刻度值，从而让图表系列之间的比较更加突出。如在"刻度图.xlsx"工作簿中，修改与设置图表数值轴为如下格式：坐标轴最小值固定为 1000，主要刻度单位固定为 1000，次要刻度单位固定为 500，主要刻度线类型为"外部"，次要刻度线类型为"交叉"。具体操作方法如下。

光盘文件：

素材文件	光盘\素材文件\第 8 章\刻度图.xlsx
结果文件	光盘\结果文件\第 8 章\刻度图 end.xlsx

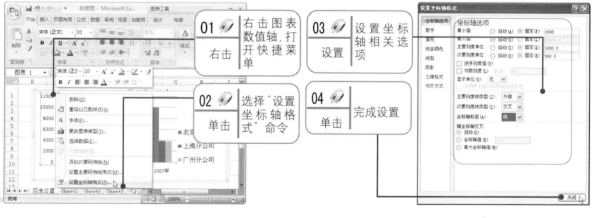

改变数值轴刻度效果。

高手点拨

在"设置坐标轴格式"对话框中，不仅可以通过设置坐标轴选项来设置数值轴的最大值、最小值等，还可以通过"数字"、"填充"、"线条颜色"、"线型"、"阴影"、"三维格式"、"对齐方式"等选项来对坐标轴进行更多的格式设置。

技巧 03： 为图表系列创建不同类型的组合图表

对于大多数二维图表，可以更改整个图表的类型以赋予其完全不同的外观，也可以为任何单个数据系列选择另一种图表类型，使图表转换为组合图表。组合图表使用两种或多种图表类型以强调图表中含有不同类型的信息。

如在"组合图.xlsx"工作簿中，为"北京分公司"系列创建"折线图"，具体操作如下。

光盘文件：

素材文件	光盘\素材文件\第 8 章\组合图.xlsx
结果文件	光盘\结果文件\第 8 章\组合图 end.xlsx

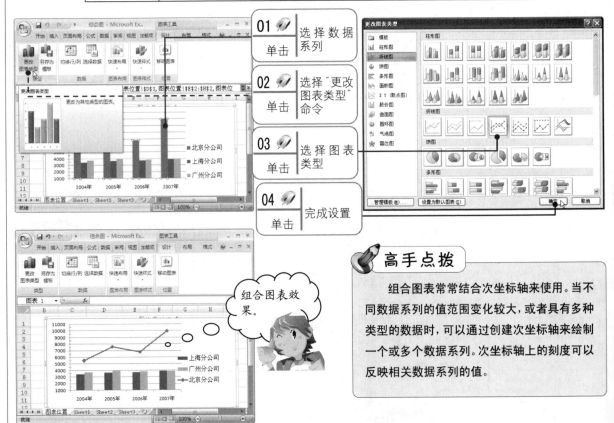

01 单击 选择数据系列

02 单击 选择"更改图表类型"命令

03 单击 选择图表类型

04 单击 完成设置

组合图表效果。

高手点拨

组合图表常常结合次坐标轴来使用。当不同数据系列的值范围变化较大，或者具有多种类型的数据时，可以通过创建次坐标轴来绘制一个或多个数据系列。次坐标轴上的刻度可以反映相关数据系列的值。

技巧 04： 切换图表统计的行列方式

使用 Excel 2007 创建图表时，默认情况下，系列总是产生在行。用户也可以根据自己的需要切换图表统计的行列方式，从而让 X 轴上的数据与 Y 轴上的数据互换位置。

如在"行列切换.xlsx"工作簿中，将数据系列改为日期，具体操作方法如下。

光盘文件：

素材文件	光盘\素材文件\第 8 章\行列切换.xlsx
结果文件	光盘\结果文件\第 8 章\行列切换 end.xlsx

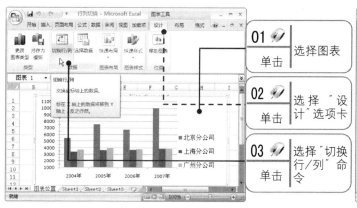

技巧 05： 在图表系列中显示出数据标签

默认情况下，创建的图表只能通过数据轴刻度大概看出各个系列之间数值的大小。如果要在图表上精确地标出数据系列的数值，可以使用显示数据标签的方法来实现。

如在"数据标签图.xlsx"工作簿中，要将图表系列的数据标签显示出来，具体操作方法如下。

💿 光盘文件：

素材文件	光盘\素材文件\第 8 章\数据标签图.xlsx
结果文件	光盘\结果文件\第 8 章\数据标签图 end.xlsx

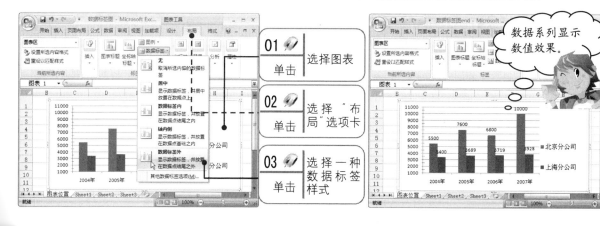

技巧 06： 为图表添加趋势分析线

趋势分析线以图形的方式表示数据系列的趋势。例如，向上倾斜的线表示几个月中增加的销售额。趋势线用于问题预测研究，又称为回归分析。

例如，为"趋势图.xlsx"工作簿中图表上的"北京分公司"系列添加趋势分析线。具体操作方法如下。

💿 光盘文件：

素材文件	光盘\素材文件\第 8 章\趋势图.xlsx
结果文件	光盘\结果文件\第 8 章\趋势图 end.xlsx

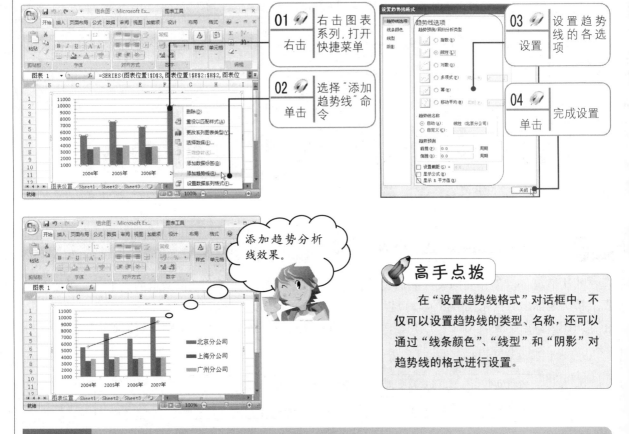

01 右击　右击图表系列，打开快捷菜单

02 单击　选择"添加趋势线"命令

03 设置　设置趋势线的各选项

04 单击　完成设置

添加趋势分析线效果。

高手点拨

在"设置趋势线格式"对话框中，不仅可以设置趋势线的类型、名称，还可以通过"线条颜色"、"线型"和"阴影"对趋势线的格式进行设置。

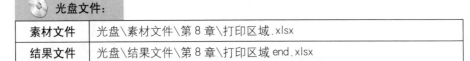

技巧07：　如何只打印表格中选定的区域

在打印工作表时，默认情况下总会将工作表上所有的内容打印出来。用户可以通过设置打印区域来实现打印工作表上的部分数据。如在"打印区域.xlsx"工作簿中，只打印 A2～D6 区域，具体操作如下。

光盘文件：

素材文件	光盘\素材文件\第8章\打印区域.xlsx
结果文件	光盘\结果文件\第8章\打印区域 end.xlsx

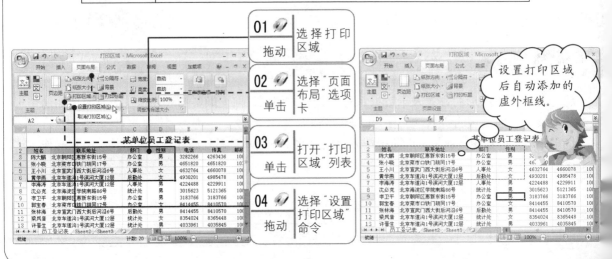

01 拖动　选择打印区域

02 单击　选择"页面布局"选项卡

03 单击　打开"打印区域"列表

04 拖动　选择"设置打印区域"命令

设置打印区域后自动添加的虚外框线。

技巧 08：　如何在多页纸张上打印相同标题行

在 Excel 2007 中处理大型的跨页表格时，表格会在分页符处被分割。当表格有多页时，除第一页外，其余页将没法显示标题行。为此，用户可以通过指定要在每个打印页的顶部或左侧重复出现的行和列，在每页上打印列或行标签（或将它们打印为标题）。

如在"打印标题.xlsx"工作簿中，由于表格的记录非常多，在列向上分了很多页，为此，将表格第 1 行、第 2 行设置成打印标题行。具体操作方法如下。

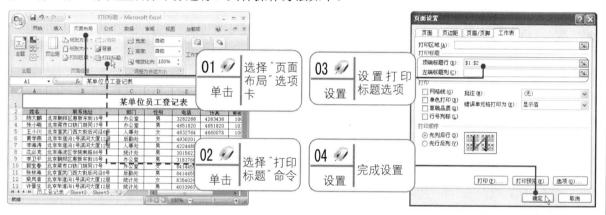

过关练习 —— 自我测试与实践

打开"过关练习素材.xlsx"文件，按要求完成以下练习。

（1）创建 3 个公司四年销量的图表，图表类型为折线图中默认的图表类型。

（2）修改图表类型为簇状柱形图。

（3）给图表填充标题"销量统计图"。

（4）将上海分公司系列图表类型改为折线图。

（5）为广州分公司创建饼形图，并添加百分比。

（6）将文件另存为"过关练习 end.xlsx"，退出 Excel 2007。

Chapter 09

PowerPoint 演示文稿的创建

轻松入门·快速学会

高手指引

　　小艳所在的公司计划近期参加一个大型的产品招商会。于是，领导给了她一些有关产品招商的相关资料，让她用 PowerPoint 软件做一个详细而直观的幻灯片演示文档。可小艳只对 PowerPoint 有所了解，其具体应用还不是很熟悉。于是，她周末到老同学小军那里进行了及时的学习和请教。

 小艳，近期工作怎么样？

 小军，还可以吧！通过一段时间的工作，感觉自己要学习的知识太多了。

 嗯，这是肯定的。对了，办公软件 Office 现在用得如何？

 唉，Word 和 Excel 还行。不过，公司近期要参加一个产品招商会，让我用 PowerPoint 做一个演示文档，可我不熟悉，所以今天向你请教来啦。

 其实，PowerPoint 在工作与生活中用得也很多。没关系，让我教教你如何用 PowerPoint 制作幻灯片吧。只要熟悉了 Word 和 Excel 的使用方法后，学习 PowerPoint 还是挺快的。

　　PowerPoint 2007 是微软公司最新推出的 Office 2007 办公软件中的一个组件，它具有全新的操作界面，以及强大的创建和编辑用于幻灯片播放、会议和网页的演示文稿功能。

学习要点

- ◆ 掌握编辑演示文稿的方法
- ◆ 熟悉幻灯片的相关操作
- ◆ 掌握在幻灯片中插入对象的方法
- ◆ 掌握编辑幻灯片格式的方法与技巧

9.1 编辑演示文稿

演示文稿就是 PowerPoint 2007 创建的文件，如同 Word 2007 创建的文件叫文档、Excel 2007 创建的文件叫工作簿一样。演示文稿也只是一个笼统的概念，它具体是由幻灯片组成的。因此，编辑演示文稿，实际上就是制作幻灯片。

9.1.1 在幻灯片中输入文本

在幻灯片中输入文本主要有两种途径：一是通过占位符，二是通过插入文本框。下面具体介绍这两种途径的操作。

1．通过占位符输入文本

所谓占位符，其实就是 PowerPoint 2007 中一种带有虚线或阴影线边缘的框，绝大部分幻灯片版式中都有这种框。在这些框内不仅可以放置标题及正文文本，还可以放置图表、表格、图片等对象。

例如，在一个新建的空白"输入文本"演示文稿中通过占位符创建一张关于 MLC 培训的首页幻灯片，具体操作方法如下。

光盘文件：	
素材文件	光盘\素材文件\第 9 章\9-1.pptx
结果文件	光盘\结果文件\第 9 章\9-1end.pptx

根据提示，单击输入内容。

输入内容后的幻灯片效果。

高手点拨

操作幻灯片时一定要注意看幻灯片上的提示，在这一点上，PowerPoint 2007 比起 PowerPoint 2003 来说更人性化。

2. 通过文本框输入文本

占位符与幻灯片版式有关，如果选择的幻灯片版式中的占位符达不到文本输入的要求，则可以通过插入文本框来灵活地安排文本的输入位置及方向。

例如，在上面创建的 9-1end.pptx 的演示文稿中，需要在幻灯片的顶部加入公司名称，具体操作方法如下。

光盘文件：	
素材文件	光盘\素材文件\第 9 章\9-2.pptx
结果文件	光盘\结果文件\第 3 章\9-2end.pptx

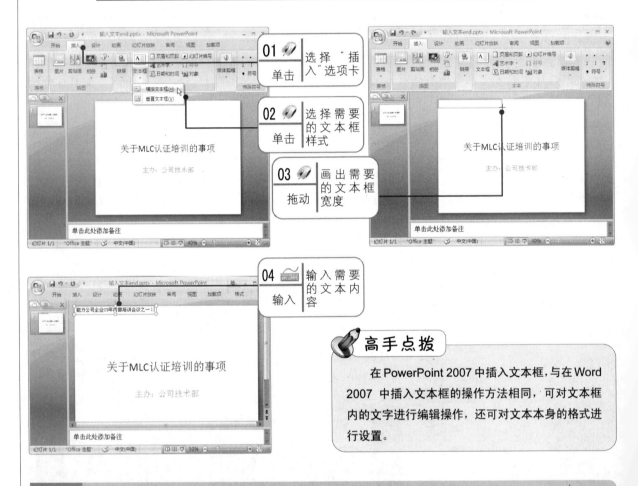

高手点拨

在 PowerPoint 2007 中插入文本框，与在 Word 2007 中插入文本框的操作方法相同，可对文本框内的文字进行编辑操作，还可对文本本身的格式进行设置。

9.1.2 编辑占位符

编辑占位符包括调整占位符的大小和位置。

1. 调整占位符的大小

调整占位符的大小，只要单击占位符所在的文本，将鼠标指向它的一个尺寸控点，并在指针变为双箭头时拖动此控点即可。具体操作方法如下。

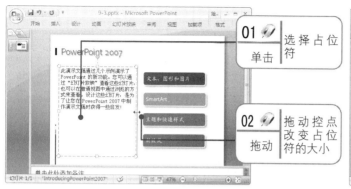

光盘文件：

素材文件	光盘\素材文件\第 9 章\9-3.pptx
结果文件	光盘\结果文件\第 9 章\9-3end.pptx

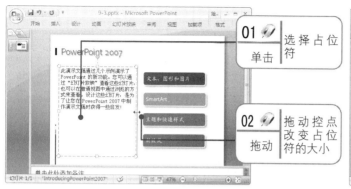
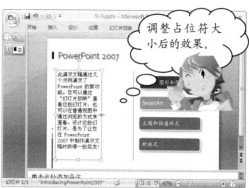

2．调整占位符的位置

要调整占位符的位置时，将鼠标指向占位符的一条边框线，并在指针变为四向箭头时，将占位符拖动到一个新位置即可。具体操作方法如下。

光盘文件：

素材文件	光盘\素材文件\第 9 章\9-4.pptx
结果文件	光盘\结果文件\第 9 章\9-4end.pptx

9.1.3 设置文本格式

设置文本格式（包括字体、字号、大小写、颜色或间距）时，可先选择文本，然后在"开始"选项卡上的"字体"功能组中单击需要的选项即可。具体操作方法如下。

光盘文件：

素材文件	光盘\素材文件\第 9 章\9-5.pptx
结果文件	光盘\结果文件\第 9 章\9-5end.pptx

例如，将所选文本内容设置为以下格式：字体——华文新魏、字号——24、字型——加粗和倾斜、字符间距——宽松、字体颜色——深蓝。具体操作及效果如右图所示。

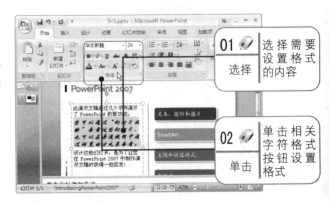

9.2　幻灯片的操作

一个完整的演示文稿一般由多张幻灯片组成。在制作多张幻灯片时，可以插入与删除、复制与移动幻灯片，还可以调整幻灯片的顺序。

9.2.1　插入与删除幻灯片

新建的演示文稿只有一张幻灯片，如果需要更多的幻灯片，则可以插入新幻灯片。当然，如果插入了多张幻灯片，则对于不需要的幻灯片，也可以删除。

1. 插入新幻灯片

插入新幻灯片的具体操作方法如下。

光盘文件：

素材文件	光盘\素材文件\第 9 章\9-6.pptx
结果文件	光盘\结果文件\第 9 章\9-6end.pptx

01 在"开始"选项卡中的"幻灯片"功能组中单击"新建幻灯片"下三角按钮，打开下拉列表框，然后按以下步骤进行操作。

 **高手点拨**

在"幻灯片"窗格中选择某张幻灯片后，按 Enter 键将在该幻灯片下方添加一张默认版式的幻灯片；按 Ctrl+M 组合键也可以在当前幻灯片的下方添加一张新幻灯片。

2．删除幻灯片

删除幻灯片的操作比较简单，在"幻灯片/大纲"窗格中，单击要删除幻灯片的缩略图，然后按下 Delete 键即可。

9.2.2 复制与移动幻灯片

如果需要制作的幻灯片的格式与已经制作好的幻灯片基本相同，可采用复制幻灯片的方法复制该张幻灯片，然后再对这张复制出来的幻灯片进行修改，这样可以节约很多时间。

例如，将 9-7.pptx 演示文稿中的第 2 张幻灯片复制到幻灯片的最后，具体操作方法如下。

光盘文件：

素材文件	光盘\素材文件\第 9 章\9-7.pptx
结果文件	光盘\结果文件\第 9 章\9-7end.pptx

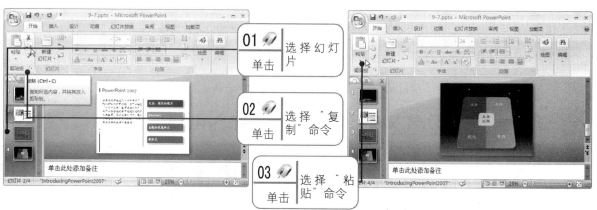

高手点拨

"复制"与"粘贴"幻灯片在 PowerPoint 2007 中同样可以使用快捷键 Ctrl+C 和 Ctrl+V。移动幻灯片的操作与复制操作相同，只是移动时需使用"剪切"和"粘贴"命令。

9.2.3　调整幻灯片的顺序

调整幻灯片顺序也是编辑幻灯片时经常用到的操作，因为并不是所有的幻灯片都在正确的位置上。例如，将 9-8.pptx 演示文稿中的第 2 张幻灯片调整到幻灯片的最后位置，具体操作方法如下。

光盘文件：

素材文件	光盘\素材文件\第 9 章\9-8.pptx
结果文件	光盘\结果文件\第 9 章\9-8end.pptx

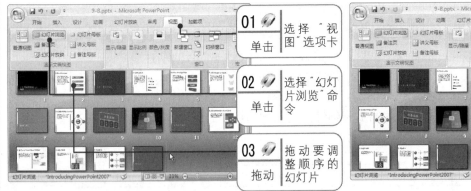

01 单击　选择"视图"选项卡

02 单击　选择"幻灯片浏览"命令

03 拖动　拖动要调整顺序的幻灯片

幻灯片被移动到最后。

高手点拨

调整幻灯片的顺序也可以使用移动的方法来实现。如果演示文稿的幻灯片比较多，则在"幻灯片浏览"视图里对幻灯片进行顺序的调整是最方便和快捷的。

9.3　在幻灯片中插入对象

在演示文档中可以插入表格、艺术字、图片、SmarArt 图表、影片和声音，通过这些对象，可以让演示文稿图文并茂、有声有色。

9.3.1　插入表格

在 PowerPoint 2007 中插入表格的操作与 Word 2007 相同。例如，在 9-9.pptx 演示文稿中的第 2 张幻灯片上插入一个 5 列 8 行的表格，具体操作方法如下。

光盘文件：

素材文件	光盘\素材文件\第 9 章\9-9.pptx
结果文件	光盘\结果文件\第 9 章\9-9end.pptx

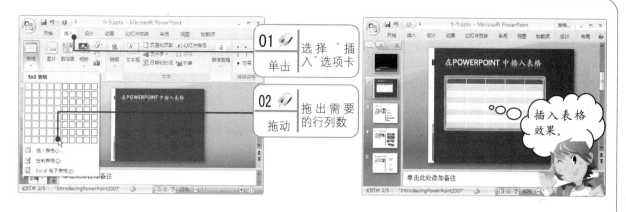

9.3.2 插入艺术字

利用艺术字可以插入装饰文字，包括创建带阴影的、扭曲的、旋转的和拉伸的文字，也可以按预定义的形状创建文字。

例如，在 9-10.pptx 演示文稿中的第 2 张幻灯片上插入内容为"会议邀请函"的任意一种样式的艺术字，具体操作方法如下。

光盘文件：	
素材文件	光盘\素材文件\第 9 章\9-10.pptx
结果文件	光盘\结果文件\第 9 章\9-10end.pptx

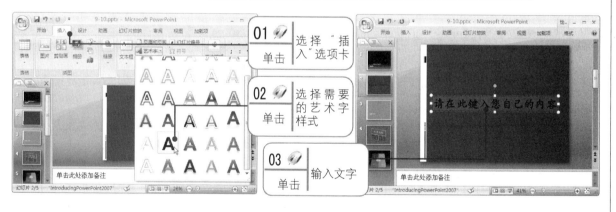

高手点拨

PowerPoint 2007 中的艺术字与 Word 2007 中的艺术字是完全相同的，其格式设置用户可参照 Word 2007 中的操作。另外，艺术字在 PowerPoint 2007 中是被看作图形对象的。

9.3.3　插入图片

图片是由其他文件创建的图形。PowerPoint 2007 中的图片包括位图、扫描的图片和照片以及剪贴画。例如，在 9-11 演示文稿的第 2 张幻灯片上插入一张图片，具体操作方法如下。

光盘文件：	
素材文件	光盘\素材文件\第 9 章\9-11.pptx
结果文件	光盘\结果文件\第 9 章\9-11end.pptx

01 在"插入"选项卡中单击"插图"功能组中的"图片"按钮，打开"插入图片"对话框，然后按以下步骤进行操作。

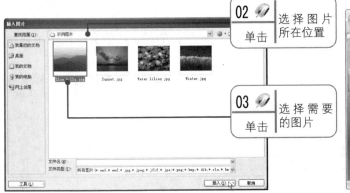

9.3.4　插入 SmartArt 图形

SmartArt 图形是信息和观点的直观视觉表示形式，它包括图形列表、流程图以及更为复杂的图形（如维恩关系组织结构图）等。

例如，在 9-12.pptx 演示文稿中的第 2 张幻灯片上插入 SmartArt 图形，具体操作方法如下。

光盘文件：	
素材文件	光盘\素材文件\第 9 章\9-12.pptx
结果文件	光盘\结果文件\第 9 章\9-12end.pptx

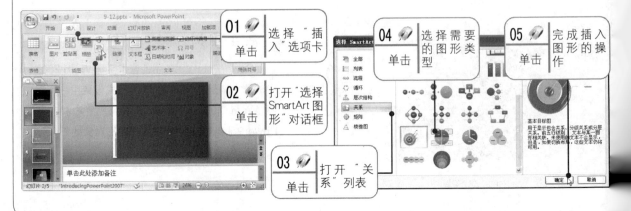

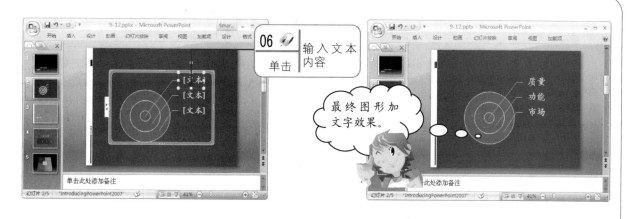

9.3.5 插入影片和声音

为了增强演示文稿的效果，可以插入影片和声音，以达到强调或实现特殊效果的目的。插入影片和声音的操作方法相同，此处以插入声音为例进行讲解。

例如，在9-13演示文稿中的第1张幻灯片上插入声音文件，具体操作方法如下。

光盘文件：

素材文件	光盘\素材文件\第 9 章\9-13.pptx
结果文件	光盘\结果文件\第 9 章\9-13end.pptx

　　在 PowerPoint 2007 中，只有大小不超过 100KB 的 WAV 格式的声音文件才可以嵌入，其他类型的媒体文件都只能以链接的方式插入。嵌入对象会成为目标对象的一部分，而链接的对象，PowerPoint 2007 会创建一个指向该对象当前位置的链接，如果之后将该对象移动到其他位置，则需要播放该文件时，PowerPoint 2007 会找不到它，所以，最好在插入声音前将其复制到演示文稿所在的文件夹中。在 PowerPoint 2007 中插入的影片属于桌面视频文件，其格式包括 AVI 或 MPEG，文件扩展名包括.avi、.mov、.mpg 和.mpeg。

9.4　编辑幻灯片格式

　　PowerPoint 2007 的一大特色就是可以使演示文稿中的所有幻灯片具有一致的外观。控制幻灯片整体外观的方法有幻灯片主题、幻灯片背景和幻灯片母版。

9.4.1　设置幻灯片的主题

　　所谓主题，就是一组统一的设计元素，使用统一的颜色、字体和图形设置文档的外观。文档主题是一组格式选项，包括一组主题颜色、一组主题字体（包括标题字体和正文字体）和一组主题效果（包括线条和填充效果）。通过应用文档主题，可以快速而轻松地设置整个文档的格式，赋予它专业和时尚的外观。

　　例如，将 9-14.pptx 演示文稿的主题改为"龙腾四海"，具体操作方法如下。

光盘文件：	
素材文件	光盘\素材文件\第 9 章\9-14.pptx
结果文件	光盘\结果文件\第 9 章\9-14end.pptx

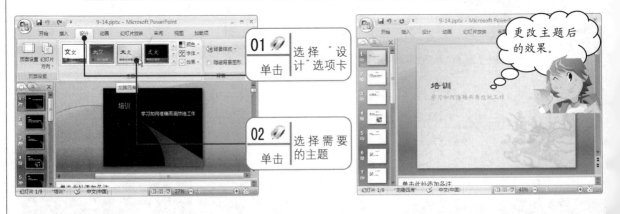

9.4.2　设置幻灯片的背景

　　在早期版本的 Microsoft Office PowerPoint 中向演示文稿中添加背景时，要从"幻灯片设计"窗格中添加一个设计模板。而在 PowerPoint 2007 中，向演示文稿中添加背景则是添加一个背景样式。

例如，将 9-15.pptx 演示文稿的背景样式改为"样式 7"，具体操作方法如下。

光盘文件：

素材文件	光盘\素材文件\第 9 章\9-15.pptx
结果文件	光盘\结果文件\第 9 章\9-15end.pptx

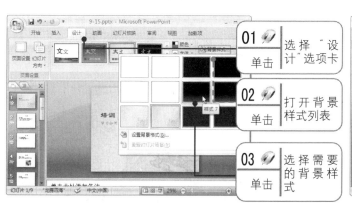

01 单击　选择"设计"选项卡

02 单击　打开背景样式列表

03 单击　选择需要的背景样式

更改背景后的效果。

高手点拨

背景样式是来自当前文档"主题"中主题颜色和背景亮度的组合背景填充变体。当用户更改文档主题时，背景样式会随之更新以反映新的主题颜色和背景。如果希望只更改演示文稿的背景，则应选择其他背景样式。更改文档主题时，更改的不止是背景，同时会更改颜色、标题和正文字体、线条和填充样式以及主题效果的集合。

9.4.3　编辑幻灯片的母版

幻灯片母版是模板的一部分，它存储的信息包括文本和对象在幻灯片上的放置位置、文本和对象占位符的大小、文本样式、背景、颜色主题、效果和动画等。

编辑幻灯片的母版是通过幻灯片母版视图来进行操作的，在幻灯片母版视图中，可以更改幻灯片的设计和版式。

例如，对 9-16.pptx 演示文稿进行一些统一的设置：在每张幻灯片的右上角插入公司名称"朝阳电子公司内部培训系列"、将标题样式设置为"隶书、加粗、倾斜"效果、将第一级文本样式项目符号设置为◆、第二级文本样式的项目符号设置为□、第三级文本样式的项目符号设置为■，其他保持不变，具体操作方法如下。

光盘文件：

素材文件	光盘\素材文件\第 9 章\9-16.pptx
结果文件	光盘\结果文件\第 9 章\9-16end.pptx

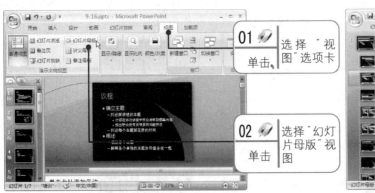

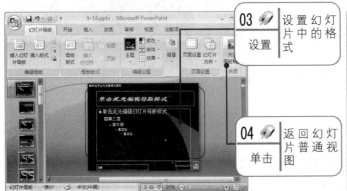

高手点拨

幻灯片母版中的格式编辑可以参照普通幻灯片的编辑方法，只是在幻灯片母版中所做的修改将会影响到使用该母版的每一张幻灯片。

进阶提高 ——— 技能拓展内容

通过前面基础入门知识的学习，相信初学者已经掌握好了在 PowerPoint 2007 中创建演示文稿入门操作的相关基础知识。为了进一步提高使用软件的操作技能，下面介绍与本章内容相关的一些操作技巧。

技巧 01：　在 PowerPoint 中共享 Word 文档内容

如果 Word 文档已经存盘，在 PowerPoint 中可以使用插入"对象"的方法来实现在 PowerPoint 中共享 Word 文档内容。例如，启动 PowerPoint 2007，将"演示文稿 1"保存为 9-17end.pptx，然后在该演示文稿中插入 Word 文档，具体操作方法如下。

光盘文件：

素材文件	光盘\素材文件\第 9 章\9-17 .docx
结果文件	光盘\结果文件\第 9 章\9-17end .pptx

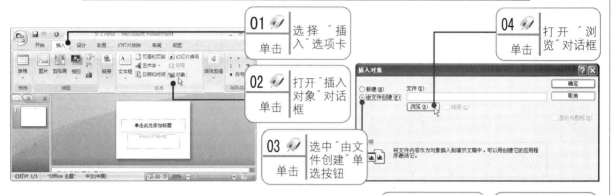

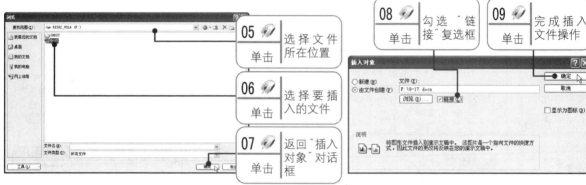

插入 Word 文档效果。

高手点拨

　　在 PowerPoint 2007 中，通过这种方法不但可以共享 Word 文档，还可以共享其他文档，如 Excel 文档。以"链接"的方式插入，可以保持与原文档一起更新。

技巧 02：　将幻灯片上的图片单独保存为图片文件

对于插入到 PowerPoint 2007 中的图片，可以将其单独保存为图片文件。具体操作方法如下。

光盘文件：

素材文件	光盘\素材文件\第 9 章\9-18 .pptx
结果文件	光盘\结果文件\第 9 章\9-18end .jpg

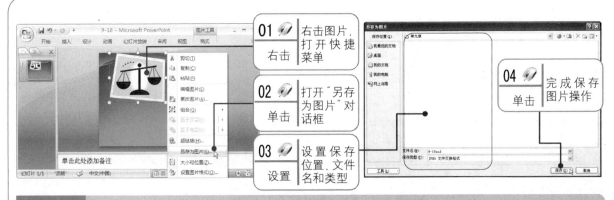

技巧 03：更改幻灯片的排列方向

默认情况下，演示文稿上的幻灯片是横向排列的，用户也可以根据需要采用纵向排列。更改幻灯片排列方向的操作方法如下。

光盘文件：

素材文件	光盘\素材文件\第 9 章\9-19.pptx
结果文件	光盘\结果文件\第 9 章\9-19end.pptx

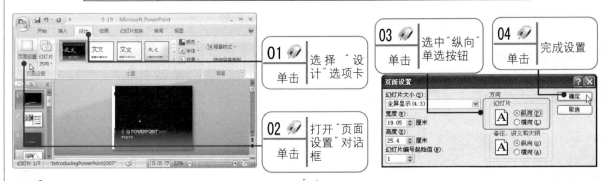

高手点拨

注意，在"页面设置"对话框中，不仅可以改变幻灯片的方向，还可以通过"幻灯片大小"选项来改变幻灯片的大小。

技巧 04：在 PowerPoint 中快速制作电子相册

在 PowerPoint 2007 中，可以通过创建电子相册展示个人照片或工作照片。具体操作方法如下。

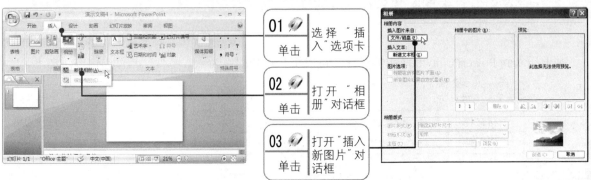

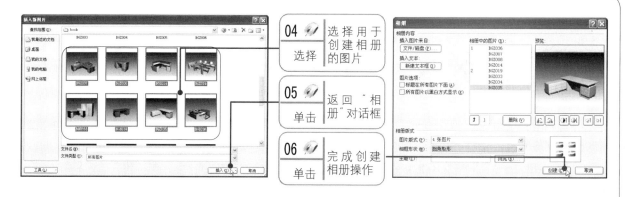

技巧 05： 正确有效地应用幻灯片的视图

　　PowerPoint 2007 有四种主要视图，分别为普通视图、幻灯片浏览视图、备注页视图和幻灯片放映视图。PowerPoint 2007 中的视图位于"视图"选项卡中的"视图"功能组中。各种视图的功能作用如下表所示。

对齐按钮	功能作用
普通视图	主要的编辑视图，可用于撰写或设计演示文稿
幻灯片浏览视图	以缩略图形式显示幻灯片的视图，可用于整体浏览所有幻灯片和移动幻灯片
备注页视图	用户可以在"备注"窗格中键入备注，该窗格位于普通视图中幻灯片窗格的下方。使用备注页视图可以以整页格式查看和使用备注
幻灯片放映视图	该视图占据整个计算机屏幕，与实际的演示一样。在此视图中，用户所看到的演示文稿就是观众将看到的效果。用户可以看到在实际演示中图形、计时、影片、动画效果和切换效果的状态

技巧 06： 给幻灯片添加批注信息

　　批注就是作者或审阅者为文档添加的注释或批注。例如，为 9-20.pptx 演示文稿中的第 1 张幻灯片上的"相册"文字加上批注信息，具体操作方法如下。

🔘 **光盘文件：**

素材文件	光盘\素材文件\第 9 章\9-20.pptx
结果文件	光盘\结果文件\第 9 章\9-20end.pptx

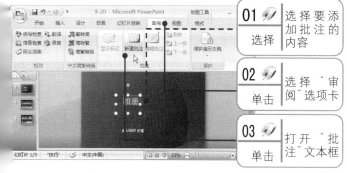

启动 PowerPoint 2007，保存"演示文稿 1.pptx"为"循环图.pptx"，然后按要求完成以下练习。

（1）删除所有占位符。

（2）分别插入两个横排文本框，再输入以下内容："让抽象的事物直观可见!"和"只需轻轻一击，SmartArt 即可将您的项目要点转变成图形。您还可以更改图形布局，以便以恰当的方式表达您的想法。"。

（3）插入一个 SmartArt 图形下 "循环"类中的"射线循环"图，输入相应内容并进行格式设置。

（4）设置标题文本格式为"华文楷体（标题）"、"40 磅"、"文字阴影"、"灰色 50%"，正文文本格式设置为"华文楷体（正文）"、"20 磅"。

（5）利用直线制作竖线分隔线，并设置格式，幻灯片最终效果如下图所示。

Chapter 10

PowerPoint 演示文稿放映设置

高手指引

小艳在老同学小军的帮助下，学会了在 PowerPoint 2007 中创建与编辑幻灯片演示文稿的方法，并按领导的要求制作好产品招商会的幻灯片。她拿给老李看过后，老李给小艳提出了相关的建议。

小艳，你幻灯片的内容编辑得不错，特别有美感。但是……

老李，但是什么？有什么问题和建议就和我说呀！

但是幻灯片在给观众放映展示时，感觉不太生动，缺少一些动画效果和多媒体效果。

那怎么设置呢？

好吧，我给你讲解一下有关 PowerPoint 幻灯片的放映设置与操作，然后你自己修改吧！

用户在使用 PowerPoint 2007 制作演示文稿的过程中，往往需要对幻灯片里的对象设置一些动态的效果，以增强幻灯片的演示效果。用户可以使用内置的一些动画方案和自定义动画，灵活地给幻灯片设置动画效果，从而让幻灯片动起来。

学习要点

 给幻灯片中的对象添加动画的方法

 设置幻灯片的切换效果

 设置幻灯片的放映类型

 幻灯片的排练计时

 如何自定义放映幻灯片

基础入门 ——— 必知必会知识

10.1 给幻灯片添加动画

动画是给文本或对象添加的特殊视觉或声音效果，它是演示文稿中常用的强调和辅助的表现手段，例如，用户可以使文本项目符号逐字从左侧飞入，或在显示图片时播放掌声。

10.1.1 为幻灯片中的对象添加预设动画

用户可以通过选择幻灯片中的对象，然后选择一种预设的动画效果，就可以为当前选择的对象添加相应的预设动画效果。

例如，为 10-1.pptx 演示文稿中第 1 张幻灯片上的文本加上"飞入"预设动画效果，操作方法如下。

光盘文件：	
素材文件	光盘\素材文件\第 10 章\10-1.pptx
结果文件	光盘\结果文件\第 10 章\10-1end.pptx

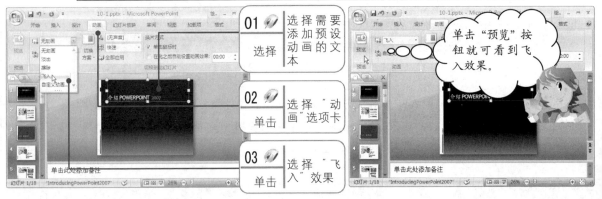

10.1.2 为幻灯片中的对象添加自定义动画

通过预设动画虽然可以快速地为选择对象添加上动画，但用户不能按照自己的创意去进行更多的设置。PowerPoint 2007 中的"自定义动画"给了用户展现想象力和创造力的舞台。演示文稿上的一切对象，包括文字、图片、图形图表等都可以通过"自定义动画"让它们"活灵活现"。

例如，给 10-2.pptx 演示文稿中第 1 张幻灯片上的文本添加如下动画效果。

文本"进入"动画：空翻、"开始"为"之前"、"速度"为"慢速"；

文本"强调"动画：放大/缩小、"开始"为"之后"，其他选项默认；

文本"退出"动画：百叶窗、"开始"为"之后"。

具体操作方法如下。

光盘文件：

素材文件	光盘\素材文件\第 10 章\10-2.pptx
结果文件	光盘\结果文件\第 10 章\10-2end.pptx

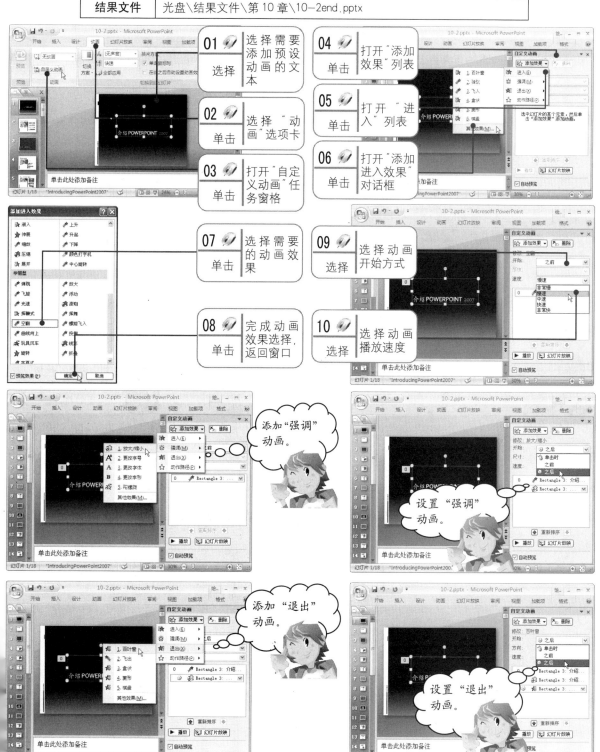

高手点拨

在 PowerPoint 2007 中，可以为选择的对象通过"自定义动画"设置多个动画效果，这些动画效果在效果列表里也会按设置的先后顺序排列出来，放映时就是按照这个顺序来放映的。动画开始的三种方式为"之前"、"之后"和"单击时"，它们的意思分别为"之前"表示两个动画同时进行；"之后"表示上一动作结束马上执行该动画；"单击时"表示只有当单击鼠标左键时才执行该动画。

10.1.3　设置幻灯片切换效果

在 PowerPoint 2007 中可以设置幻灯片之间的切换方式，以增加幻灯片的动态效果。

例如，为 10-3.pptx 演示文稿设置"盒状收缩"切换方式。具体操作方法如下。

光盘文件：

素材文件	光盘\素材文件\第 10 章\10—3.pptx
结果文件	光盘\结果文件\第 10 章\10—3end.pptx

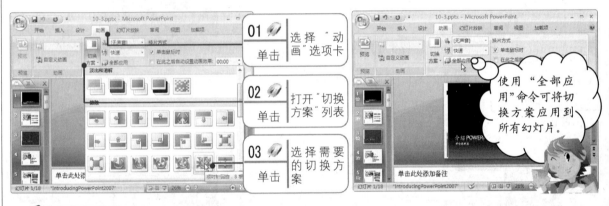

高手点拨

在"切换到此幻灯片"功能组中，还可以对幻灯片的切换方式进行更多设置，例如，可设置切换声音、切换速度和换片方式。

10.2　放映幻灯片

10.1 节设置的动画效果只有在放映幻灯片时才能看到，放映幻灯片还有很多准备工作要做，如设置放映类型、创建自定义放映等。

10.2.1　设置放映类型

使用"放映类型"可以指定希望将演示文稿放映给观众的方式。

例如，将 10-4.pptx 演示文稿的放映类型设置为"观众自行浏览（窗口）"。具体操作方法如下。

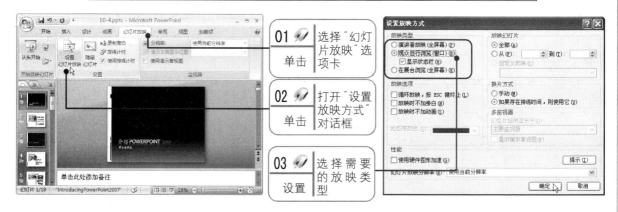

光盘文件：

素材文件	光盘\素材文件\第 10 章\10-4.pptx
结果文件	光盘\结果文件\第 10 章\10-4end.pptx

01 单击 —— 选择"幻灯片放映"选项卡

02 单击 —— 打开"设置放映方式"对话框

03 设置 —— 选择需要的放映类型

高手点拨

　　"演讲者放映（全屏幕）"放映类型的意思是在现场观众面前放映演示文稿；"观众自行浏览（窗口）"放映类型的意思是让观众能够在计算机上通过硬盘驱动器或 CD，或者在 Internet 上查看演示文稿；若要在展台放映演示文稿，则应选择"在展台浏览（全屏幕）"放映类型。

10.2.2　隐藏/显示幻灯片

　　如果有些幻灯片不需要放映出来，则可将这些幻灯片隐藏。隐藏起来的幻灯片在默认情况下是不会放映的，但这些幻灯片仍然保留在文件中，用户可通过设置将它们显示出来。

　　例如，将 10-5.pptx 演示文稿中的第 1 张和第 3 张幻灯片隐藏起来，并显示隐藏的第 2 张幻灯片。具体操作方法如下。

光盘文件：

素材文件	光盘\素材文件\第 10 章\10-5.pptx
结果文件	光盘\结果文件\第 10 章\10-5end.pptx

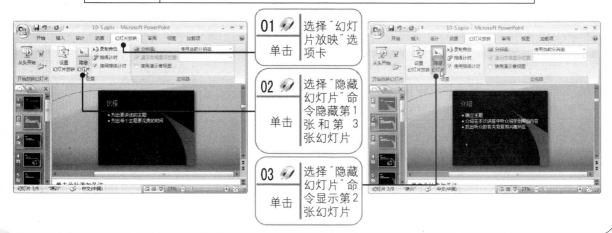

01 单击 —— 选择"幻灯片放映"选项卡

02 单击 —— 选择"隐藏幻灯片"命令隐藏第 1 张和第 3 张幻灯片

03 单击 —— 选择"隐藏幻灯片"命令显示第 2 张幻灯片

10.2.3　排练计时

　　创建完成演示文稿后，可以通过排练计时来排练演示文稿，以确保它满足特定的时间框架。进行排练时，PowerPoint 2007 使用幻灯片计时功能记录演示每个幻灯片所需的时间，然后在向实际观众演示时使用记录的时间自动播放幻灯片。因此，在创建自运行演示文稿时，幻灯片计时功能是一个理想选择。

　　例如，为 10-6.pptx 演示文稿设置排练计时，放映时间控制在 10 秒钟以内。具体操作方法如下。

光盘文件：	
素材文件	光盘\素材文件\第 10 章\10-6.pptx
结果文件	光盘\结果文件\第 10 章\10-6end.pptx

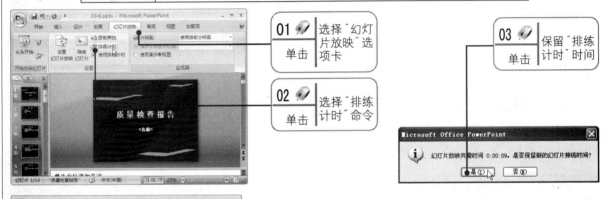

01 单击　选择"幻灯片放映"选项卡

02 单击　选择"排练计时"命令

03 单击　保留"排练计时"时间

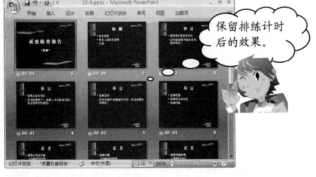

保留排练计时后的效果。

高手点拨

　　选择"排练计时"命令后，幻灯片便进入放映状态，此时需要通过单击鼠标左键来控制幻灯片的放映速度以及幻灯片之间的切换。排练计时记录下的时间就是以后幻灯片自行放映的时间。

10.2.4　创建自定义放映

　　通过在 PowerPoint 2007 中创建自定义放映，可在现有演示文稿中将幻灯片进行分组，以便可以给特定的观众放映演示文稿的特定部分。

　　例如，10-7.pptx 演示文稿共包含 5 张幻灯片，现在创建名为"场所 1"的自定义放映，它只包括第 1 张、第 3 张和第 5 张幻灯片。具体操作方法如下。

光盘文件：	
素材文件	光盘\素材文件\第 10 章\10-7.pptx
结果文件	光盘\结果文件\第 10 章\10-7end.pptx

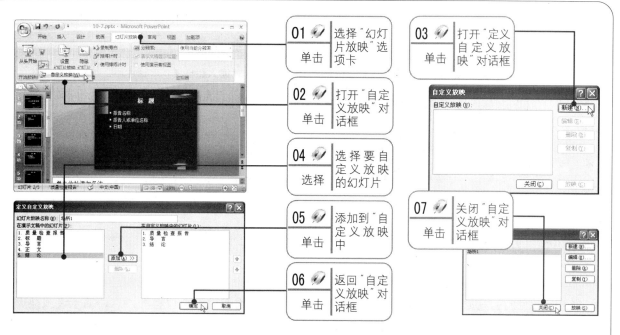

进 阶 提 高 —— 技能拓展内容

通过前面基础入门知识的学习，相信初学者已经掌握好了 PowerPoint 2007 演示文稿放映入门操作的相关基础知识。为了进一步提高使用软件的操作技能，下面介绍与本章内容相关的一些操作技巧。

技巧01： 为对象添加超级链接

PowerPoint 2007 中的超链接是指从一张幻灯片到同一演示文稿中的另一张幻灯片的链接（如到自定义放映的超链接），或是从一张幻灯片到不同演示文稿中的另一张幻灯片、电子邮件地址、网页或文件的链接。用户可以从文本或一个对象（如图片、图形、形状或艺术字）来创建链接。

例如，在 10-8.pptx 演示文稿中，将第 2 张幻灯片上的文字"收入"超链接到第 4 张幻灯片。具体操作方法如下。

 光盘文件：

素材文件	光盘\素材文件\第 10 章\10-8.pptx
结果文件	光盘\结果文件\第 10 章\10-8end.pptx

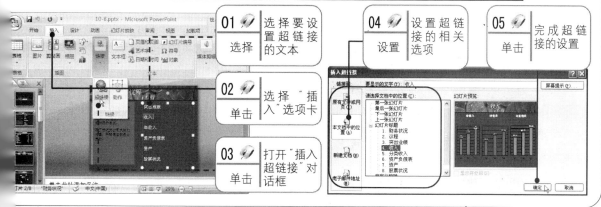

在"插入超链接"对话框中，比较常用的链接方式有："原有文件或网页"——可创建连接到不同演示文稿中的幻灯片的超链接；"本文档中的位置"——可创建连接到相同演示文稿中的幻灯片的超链接；"电子邮件地址"——可创建连接到电子邮件地址的超链接。

技巧 02：为幻灯片录制旁白

旁白可增强基于 Web 或自动运行的演示文稿的效果。用户可以在进行演示前录制旁白或者在演示过程中录制旁白，并可以同时录制观众的评语。还可以使用旁白将会议存档，以便演示者或缺席者以后在全屏放映演示文稿时，听取别人在演示过程中做出的评论。

例如，为 10-9.pptx 演示文稿中的每张幻灯片在演示前录制一段旁白，具体操作方法如下。

光盘文件：

素材文件	光盘\素材文件\第 10 章\10-9.pptx
结果文件	光盘\结果文件\第 10 章\10-9end.pptx

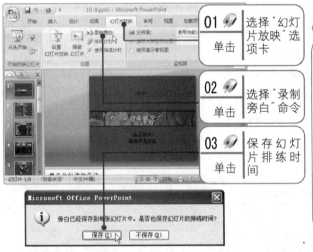

01 单击 选择"幻灯片放映"选项卡

02 单击 选择"录制旁白"命令

03 单击 保存幻灯片排练时间

录制和收听旁白时，计算机必须配备声卡、话筒和扬声器。单击"录制旁白"命令后，演示文稿进入排练计时状态，此时就可以在话筒中对演示文稿中的幻灯片做出适当的解说，完毕后，单击鼠标进入下一张幻灯片继续录制。

录制旁白时，PowerPoint 2007 会自动记录每个幻灯片的播放时间。将这些幻灯片的排练时间与旁白一起保存时，也可以手动设置幻灯片排练时间。

技巧 03：在幻灯片放映中定位幻灯片

在幻灯片放映中，如果要定位到某编号的幻灯片，可以使用编号+Enter 键的快捷方式。例如，放映的幻灯片共有 20 张，想定位到第 8 张幻灯片，则输入数字 8，然后按下 Enter 键即可。

技巧 04：在幻灯片放映时使用绘图笔

在 PowerPoint 2007 中放映演示文稿时，用户可以使用绘图笔在幻灯片上绘制圆圈、下划线、头或其他标记，以强调要点或阐明联系。

将鼠标指针变成绘图笔的快捷键是 Ctrl+P，然后按住鼠标左键并拖动，即可在幻灯片上书写或绘图。

高手点拨

在"幻灯片放映"视图中，右键单击要在上面书写的幻灯片，指向"指针选项"，然后单击某个绘图笔或荧光笔选项，同样可进入书写状态。

技巧 05： 对幻灯片进行打包

对幻灯片进行打包后，再将 PowerPoint 2007 演示文稿复制到 CD、网络或计算机的本地磁盘驱动器中时，会复制 PowerPoint Viewer 2007 播放器以及所有链接的文件（如影片或声音），这样，就可以在其他未安装 PowerPoint 2007 的计算机上运行打包的演示文稿。

例如，为 10-10.pptx 演示文稿通过"CD 数据包"命令，复制到 10-10end 文件夹下，具体操作方法如下。

光盘文件：

素材文件	光盘\素材文件\第 10 章\10-10.pptx
结果文件	光盘\结果文件\第 10 章\10-10end

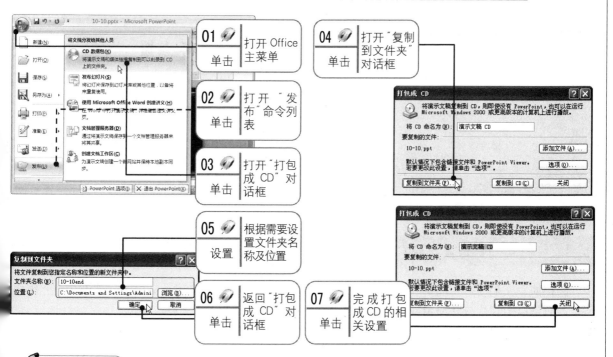

高手点拨

在"打包成 CD"对话框中，单击"复制到 CD"按钮，可将演示文稿复制到 CD。如果复制到 CD，则应在 CD 驱动器中插入空白的可录制 CD（CD-R）、空白可重写 CD（CD-RW），或包含可覆盖现有内容的 CD-RWCD。

技巧 06： 播放打包后的演示文稿

使用 PowerPoint Viewer（PPTVIEW）可以播放打包后的演示文稿。默认情况下，使用"将演示文稿打包成 CD"功能来保存演示文稿时，PowerPoint Viewer 会添加到保存该演示文稿的同一磁盘或网络位置上。

例如，已有打包文件夹 10-11，通过 PPTVIEW 播放 10-11.pptx 演示文稿，具体操作方法如下。

光盘文件：	
素材文件	光盘\素材文件\第 10 章\10—11

01 打开 10—11 文件夹，然后按以下步骤进行操作。

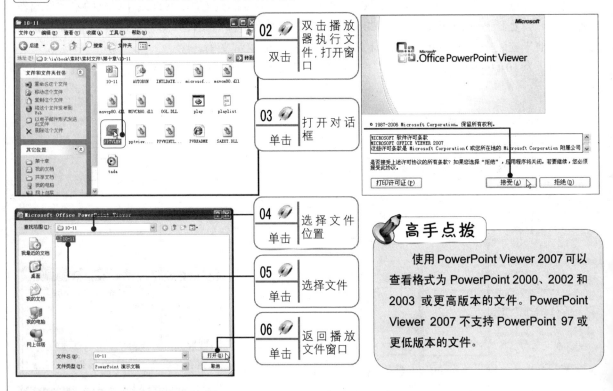

高手点拨

使用 PowerPoint Viewer 2007 可以查看格式为 PowerPoint 2000、2002 和 2003 或更高版本的文件。PowerPoint Viewer 2007 不支持 PowerPoint 97 或更低版本的文件。

技巧 07： 将幻灯片直接保存为放映格式

保存演示文稿时，可将演示文稿保存为放映格式。以后再打开该演示文稿时，就不会进入编辑模式，而是以幻灯片放映演示文稿的方式打开演示文稿。

例如，将 10-12.pptx 演示文稿保存为放映格式，具体操作方法如下。

光盘文件：	
素材文件	光盘\素材文件\第 10 章\10—12.pptx
结果文件	光盘\结果文件\第 10 章\10—12end.ppsx

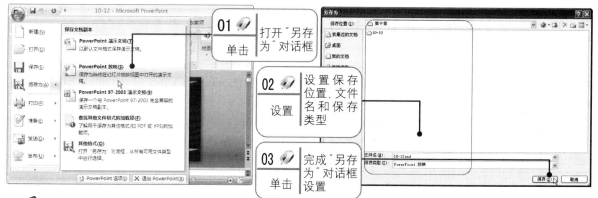

高手点拨

将演示文稿保存为 PowerPoint 放映格式后，演示文稿会始终在幻灯片放映视图（而不是普通视图）中打开，也就意味着用户不能再对演示文稿进行编辑操作。

技巧 08： 打印幻灯片内容

打印演示文稿时，用户可以根据需要设置打印内容，包括打印幻灯片、讲义、备注页和大纲。

例如，将 10-13.pptx 演示文稿的"打印内容"设置为"讲义"，且每页包括 3 张幻灯片。具体操作方法如下。

光盘文件:

素材文件	光盘\素材文件\第 10 章\10-13.pptx

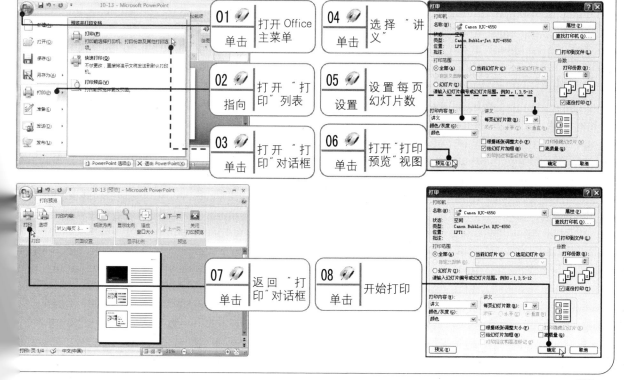

过关练习 —— 自我测试与实践

启动 PowerPoint 2007，并根据模板新建一个"古典型相册.pptx"，并将文件保存为"相册.pptx"，然后对演示文稿进行以下放映设置。

（1）将第 1 张幻灯片上的"古典型相册"文本内容超链接到第 3 张幻灯片。

（2）给第 2 张幻灯片上的图片设置"强调"自定义动画，要求放大 160%，速度为"慢速"。

（3）给第 3 张幻灯片上的 3 张图片加上"飞入"的预设动画效果。

（4）设置所有幻灯片的切换效果为"溶解"。

（5）设置幻灯片的放映类型为"在展台浏览（全屏幕）"。

（6）隐藏第 4 张幻灯片。

（7）对演示文稿进行排练计时，要求时间控制在 40 秒以内。

（8）创建一个名为"放映 1"的自定义放映，要求只放映第 1 张、第 5 张、第 6 张幻灯片。

（9）将幻灯片打包到文件夹，然后播放打包后的演示文稿。

Chapter 11

Office 2007 办公应用综合实例

高手指引

　　小艳通过前面内容的学习，已经能够熟练使用 Word 2007、Excel 2007 和 PowerPoint 2007 三个程序应付工作中的需求了。

　　近期，公司给小艳布置了最近一周的工作任务。最近几天，公司准备与另一家公司签订一份合同，计划招聘部分新员工，要求小艳根据领导提供的资料编排一份合同，并制作员工求职登记表；同时，财务老张外出学习，有个工资明细表也需要小艳帮忙制作；最后，月末还有一个商品展销宣传会要参加，需要制作一些宣传资料。

　　小艳看着近期一周的工作安排，自己心里有底了。她认真分析了一下相关的工作及要做的事情，不外乎就是使用 Office 中的 Word 编辑合同、制作求职登记表，使用 Excel 制作员工工资明细表及使用 PowerPoint 制作商品展销宣传的演示文稿。

　　Word 2007 具有强大的文字处理和表格制作功能，Excel 2007 具有强大的数据管理与分析功能，而 PowerPoint 2007 具有强大的制作演示文稿的功能。本章主要结合工作应用实际，综合使用这三个软件制作一些相关实例。

学习要点

- ◆　编辑与制作一份合同
- ◆　制作求职登记表
- ◆　计算与分析工资明细表
- ◆　制作商品展销演示幻灯片

11.1 编辑与制作一份合同

前面已经介绍过,使用 Word 2007 可以创建和编辑专业的文档,如信函、论文、报告和小册子。本节通过编辑与制作一份合同,来领略 Word 2007 在文字处理方面的强大功能。

11.1.1 录入与保存合同内容

在 Word 2007 中编辑与制作合同时,首先应该输入合同的内容。注意按照前面介绍的输入方法,只输入内容,不考虑格式。在输入的过程中,要随时保存输入的内容,以免因意外情况丢失。

1. 录入合同内容

启动 Word 2007,在文档里录入内容。录入内容时,首先调整好输入方法,然后定位好光标位置,开始录入。

Word 2007 会自动换行,即一行满了会自动进入下一行。在 Word 2007 里,分段使用 Enter 键,按下 Enter 键就意味着本段结束,同时另起下一段。Word 2007 也会自动分页,当录完一页文字后,会自动进入下一页,如果一页没录满文字要进入下一页,则需要使用 Ctrl+Enter 键来强制分页。效果如下图所示。

光盘文件:	
素材文件	光盘\素材文件\第 11 章\11-1.docx
结果文件	光盘\结果文件\第 11 章\11-1end.docx

2. 保存合同内容

在文档里录入合同内容,仅仅是编辑与制作合同的第一步。在录入合同内容时,一定要进行保存操作。而保存的实质就是将合同内容进行存盘,以防止意外断电丢失内容。保存合同内容的具体操作如下。

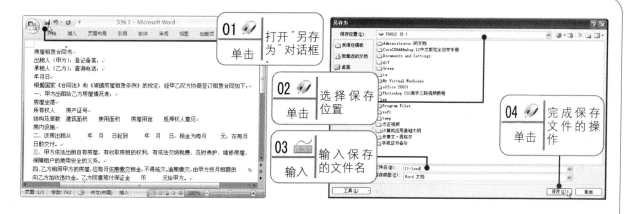

11.1.2　编排合同格式

合同内容录入完成之后，接下来就要对合同进行格式的编排。本实例的合同主要涉及三个方面的内容：一是文字和段落格式，二是文字转换成表格，三是一些内容间需要制作填空线。下面就具体从这三个方面来进行编排。

1. 文字格式编辑

文字格式主要是用"开始"选项卡下"字体"功能组和"段落"功能组中的相关命令来对文字格式和段落格式进行编辑。下面以编辑合同标题为例，具体讲解编辑过程，其他文字及段落的格式设置可参照这个操作方法。

光盘文件：

素材文件	光盘\素材文件\第 11 章\11—2.docx
结果文件	光盘\结果文件\第 11 章\11—2end.docx

2. 文字转换成表格

在合同的第一点里，由于所涉及的内容用表格来表现更加恰当和合理，因此，可以将其转换成表格，具体操作方法如下。

光盘文件：

素材文件	光盘\素材文件\第 11 章\11-3.docx
结果文件	光盘\结果文件\第 11 章\11-3end.docx

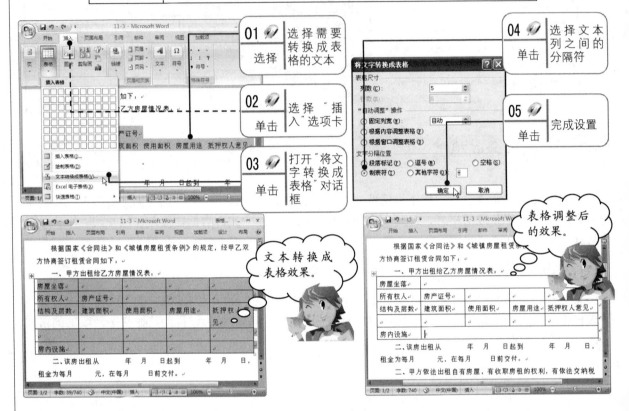

01 选择　选择需要转换成表格的文本

02 单击　选择"插入"选项卡

03 单击　打开"将文字转换成表格"对话框

04 单击　选择文本列之间的分隔符

05 单击　完成设置

文本转换成表格效果。

表格调整后的效果。

3. 制作填空线

在合同内容里，有很多地方需要双方填写，则需要制作填空线。在 Word 2007 中，这种填空线可以使用文本下划线的方法来制作。例如，以在合同前的年、月、日之间添加填空线为例，介绍具体操作方法。

光盘文件：

素材文件	光盘\素材文件\第 11 章\11-4.docx
结果文件	光盘\结果文件\第 11 章\11-4end.docx

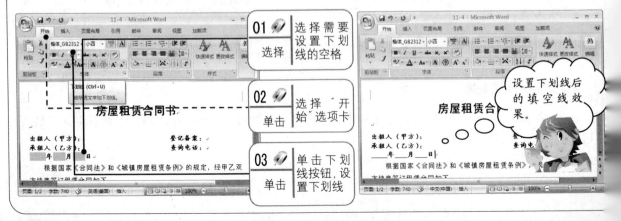

01 选择　选择需要设置下划线的空格

02 单击　选择"开始"选项卡

03 单击　单击下划线按钮，设置下划线

设置下划线后的填空线效果。

11.2 制作求职登记表

Word 2007 不仅具有强大的文字处理功能，而且还有强大的表格制作功能。本节就以制作某单位为招聘人员而设计的求职登记表为例，来讲解 Word 2007 强大的表格制作功能。

11.2.1 插入与绘制求职登记表格

启动 Word 2007，并对"文档 1"进行保存，保存文件名为 11-5.docx。由于表格涉及的内容比较多，而且应聘者交回的登记表要装订。因此，在插入表格之前，应先设置页边距，然后再插入表格，最后调整表格。

💿 光盘文件：	
素材文件	光盘\素材文件\第 11 章\11-5.docx
结果文件	光盘\结果文件\第 11 章\11-5end.docx

1. 设置页边距

将页边距设置为上下边距 1 厘米、左右边距 1.5 厘米、装订线 0.8 厘米。具体操作如下。

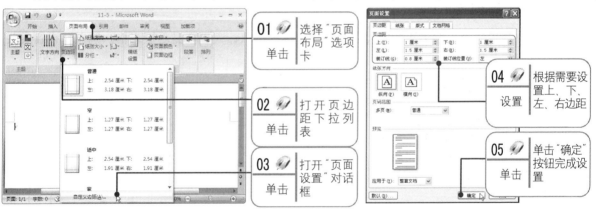

2. 插入表格

在制作表格之前，可以先用笔在纸上画大致表格，然后再在 Word 里制作。通过分析，该求职登记表可插入一个 10 列 28 行的表格。具体操作如下。

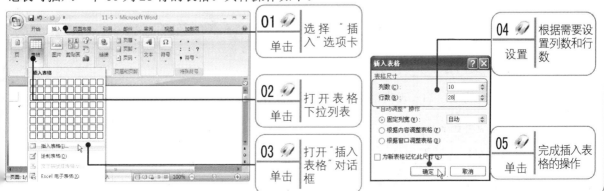

3. 调整表格

调整表格常常使用合并单元格、拆分单元格、调整行高与列宽等命令，用户可参照前面介绍的方法进行操作。此处以贴照片处要求合并单元格为例，具体操作如下。

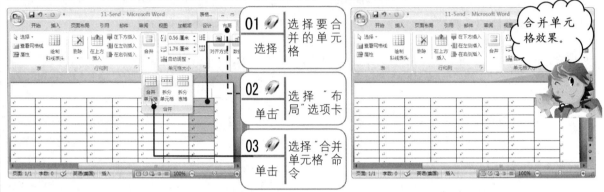

11.2.2 输入求职登记表内容

求职表格内容分为三部分，分别为表头附加内容、表格正文内容和表尾附加内容。下面分别输入具体内容。

1. 输入并设置表头内容

一个表格往往包含一些表头的附加内容，这些内容可以让人更容易看懂表格。输入并设置表头内容的具体操作如下。

光盘文件：

素材文件	光盘\素材文件\第 11 章\11-6.docx
结果文件	光盘\结果文件\第 11 章\11-6end.docx

2. 输入表格正文内容

按要求将所涉及的项目输入表格正文内容，具体操作如下。

光盘文件：

素材文件	光盘\素材文件\第 11 章\11-7.docx
结果文件	光盘\结果文件\第 11 章\11-7end.docx

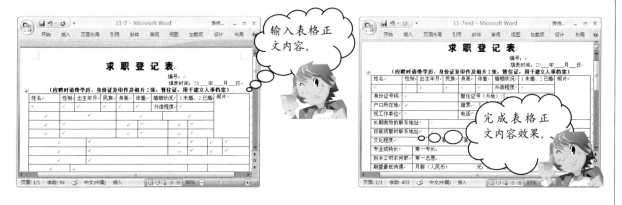

3. 输入表尾附加内容

按要求输入表尾附加内容，具体操作如下。

光盘文件：	
素材文件	光盘\素材文件\第 11 章\11—8.docx
结果文件	光盘\结果文件\第 11 章\11—8end.docx

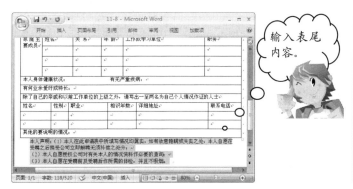

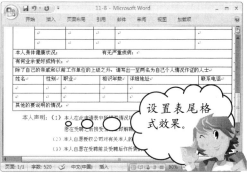

11.2.3 美化与编辑表格格式

通过上面的操作，表格的主要内容已创建完毕，接下来的工作主要是美化与编辑表格格式。美化与编辑表格格式在本例中包括两个方面：一是设置表格中文本的对齐方式，二是设置表格的外框线条。

1. 设置文本对齐方式

表格中有些文本需要竖排，则需要设置文本的对齐方式。此处以"照片"单元格为例，具体操作如下。

光盘文件：	
素材文件	光盘\素材文件\第 11 章\11—9.docx
结果文件	光盘\结果文件\第 11 章\11—9end.docx

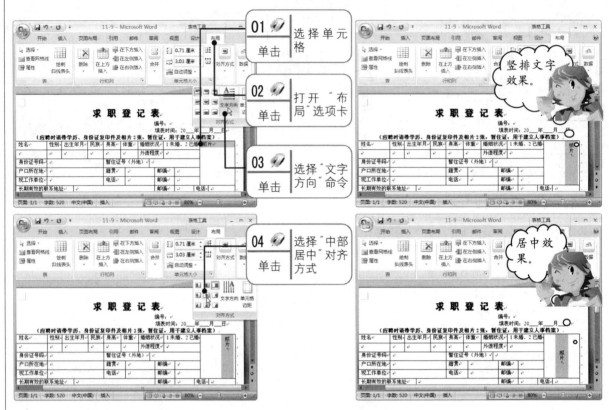

2. 设置表格的外框线

表格中的框线可以根据需要灵活改变，如常使用较粗的外框线。具体操作如下。

光盘文件：

素材文件	光盘\素材文件\第 11 章\11—10.docx
结果文件	光盘\结果文件\第 11 章\11—10end.docx

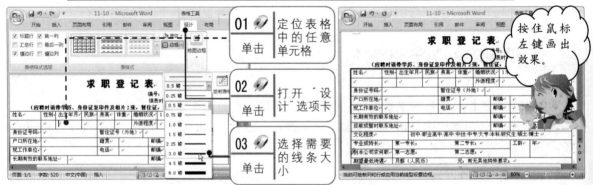

11.3 计算与分析工资明细表

在 Excel 2007 中不但可以创建种类复杂的数据表，而且还可以对复杂的数据进行各类统计和分析，从而挖掘出数据之间的内在联系，为管理者的决策提供参考。本节以单位常见的工资明细表为例，介绍在 Excel 2007 中创建与分析工资明细表的方法。

11.3.1 创建工资明细表

在 Excel 2007 中创建表格包括两个步骤：一是创建表头内容，二是录入记录。

1. 创建表头内容

创建表头内容的具体操作如下。

光盘文件：

素材文件	光盘\素材文件\第 11 章\11—11.xlsx
结果文件	光盘\结果文件\第 11 章\11—11end.xlsx

高手点拨

创建表头时，注意收集齐表格所要反映的内容，并且把它们设计成表格数据区域的项目。如在本例的工资表中，由于该单位只涉及列出的项目，如果其他单位还有工龄工资之类的项目，也要一并创建出来。

2. 录入记录

录入记录的具体操作如下。

光盘文件：

素材文件	光盘\素材文件\第 11 章\11—12.xlsx
结果文件	光盘\结果文件\第 11 章\11—12end.xlsx

高手点拨

录入记录其实包括两个部分：一是原始数据，即不需要进行计算而直接输入的数据；二是加工数据，即需要通过公式或函数进行运算，在原始数据的基础上计算出来。

11.3.2 计算与分析工资明细表

对录入的原始数据需要进行计算与分析，如在本例中，"基本工资"和"岗位工资"是根据职工所在部门来发放的。具体为：如果所在部门为"办公室"，则"基本工资"与"岗位工资"分别为 2000 和 500；

如果所在部门为"财务室"，则"基本工资"与"岗位工资"分别为 2500 和 800；如果所在部门为"销售部"，则"基本工资"与"岗位工资"分别为 3000 和 1000；如果所在部门为"技术部"，则"基本工资"与"岗位工资"分别为 2600 和 700；如果所在部门为"生产部"，则"基本工资"与"岗位工资"分别为 1500 和 500。"个人所得税"是"基本工资"、"岗位工资"、"奖金"和"补贴"这几项之和减去"住房公积金"和"社会保险"之差，如果差值低于 2000 元，则不交个人所得税；如果差值在 2000 与 3000 之间，则单位代扣 20 元；如果差值在 300 与 5000 之间，则单位代扣 50 元；如果差值在 5000 以上，则单位代扣 100 元。实发工资等于"基本工资"、"岗位工资"、"奖金"和"补贴"之和减去后面各项。

按照以上规定，计算与分析工资明细表的操作如下。

光盘文件:	
素材文件	光盘\素材文件\第 11 章\11-13.xlsx
结果文件	光盘\结果文件\第 11 章\11-13end.xlsx

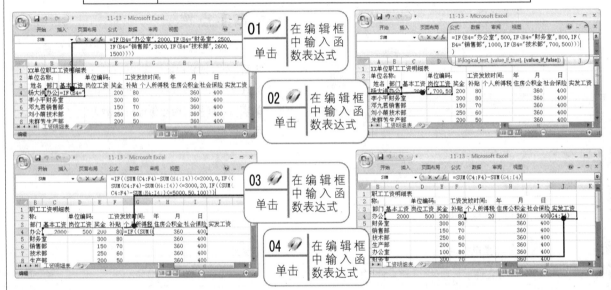

11.3.3　美化工资明细表

美化工资明细表的主要目的是让表格更加直观，更容易让人看懂表格所要反映的内容。

光盘文件:	
素材文件	光盘\素材文件\第 11 章\11-14.xlsx
结果文件	光盘\结果文件\第 11 章\11-14end.xlsx

11.4 制作商品展销演示幻灯片

PowerPoint 2007 可以形象而直观地向用户展示产品。本节实例为一个办公家具公司的家具展销演示幻灯片。

11.4.1 选择幻灯片版式

本例所涉及的幻灯片不仅有标题、文本，还有图片，所以默认的幻灯片版式已经达不到要求。选择适合的幻灯片版式的具体操作方法如下。

光盘文件：	
素材文件	光盘\素材文件\第 11 章\11—15.pptx
结果文件	光盘\结果文件\第 11 章\11—15end.pptx

11.4.2 输入文本内容

此处输入文本内容包括两个部分：一是单击占位符输入标题内容，二是通过插入艺术字输入图片提示性文字。具体操作方法如下。

光盘文件：	
素材文件	光盘\素材文件\第 11 章\11—16.pptx
结果文件	光盘\结果文件\第 11 章\11—16end.pptx

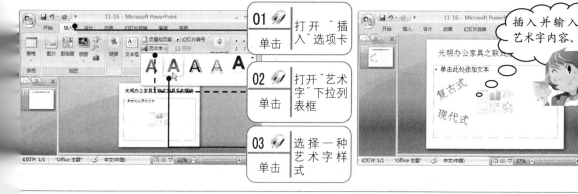

11.4.3　插入图片

插入需要展示的家具图片，并设置图片大小与图片格式。具体操作方法如下。

光盘文件：

素材文件	光盘\素材文件\第 11 章\11—17.pptx
结果文件	光盘\结果文件\第 11 章\11—17end.pptx

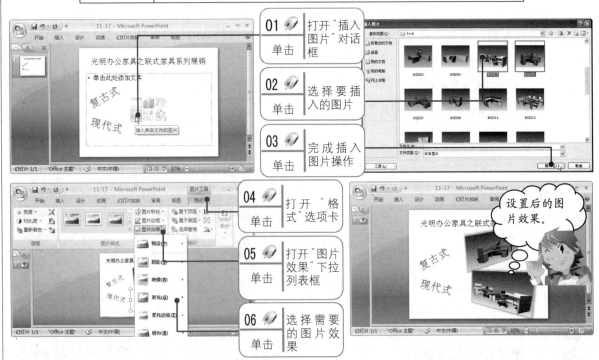

11.4.4　更改幻灯片背景

幻灯片默认背景颜色为白色，更改幻灯片的背景可以强调商品的展销效果。具体操作方法如下。

光盘文件：

素材文件	光盘\素材文件\第 11 章\11—18.pptx
结果文件	光盘\结果文件\第 11 章\11—18end.pptx

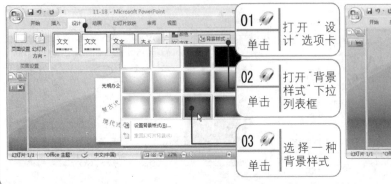